没有你的世界，
我依然会好好生活

［英］卡里亚德·劳埃德 / 著
脱泠 / 译

YOU ARE
NOT ALONE
*A New Way
to Grieve*

中信出版集团 | 北京

图书在版编目（CIP）数据

没有你的世界，我依然会好好生活 /（英）卡里亚德·劳埃德著；脱泠译. -- 北京：中信出版社，2024.11.
ISBN 978-7-5217-6897-8
Ⅰ. B84-49
中国国家版本馆CIP数据核字第20244AA417号

For the Work entitled YOU ARE NOT ALONE
Copyright © Cariad Lloyd 2023
Simplified Chinese translation copyright © 2024 by CITIC Press Corporation
ALL RIGHTS RESERVED
本书仅限中国大陆地区发行销售

没有你的世界，我依然会好好生活
著者：　　［英］卡里亚德·劳埃德
译者：　　脱　泠
出版发行：中信出版集团股份有限公司
（北京市朝阳区东三环北路27号嘉铭中心　邮编　100020）
承印者：　三河市中晟雅豪印务有限公司

开本：880mm×1230mm 1/32　　印张：8.25　　字数：172千字
版次：2024年11月第1版　　　　印次：2024年11月第1次印刷
京权图字：01-2024-4938　　　　书号：ISBN 978-7-5217-6897-8
定价：59.00元

版权所有·侵权必究
如有印刷、装订问题，本公司负责调换。
服务热线：400-600-8099
投稿邮箱：author@citicpub.com

"死亡不是生命中的事情:我们不会活着体验死亡。如果我们把永恒解释为不朽而非无限的时间,那么永恒的生命属于那些活在当下的人。我们的生命没有终点,就像我们的视野没有界限。"

——路德维希·维特根斯坦

"哇!这可真地道!"父亲尝到特别美味的咖喱时说。

献给我的父亲,

感谢你回答我的问题,激励我不断求索,

并无数次告诉我:"只要你想,就没有办不成的事。"

献给我的母亲,

感谢你给予我的一切。

你好,
欢迎来到悲伤俱乐部。
抱歉,
我知道你其实并不想来。

你不知道悲伤竟是这种感觉。
这不公平。
可怕至极。
令人胆寒。

你没料到会是这种感觉。
斯人已逝。
一切都变了。
一切。
整个世界今非昔比。
告别了所知所爱,一切都无可挽回。

我真的很抱歉。

这个俱乐部糟透了。
没人告诉你,什么时候会进来。
毫无征兆。
这里也没有奖励计划或折扣。
(比如一年内经历了两次死亡,
至少应该能免费停车或得到一张优惠券吧。)
失落、痛苦、悲伤、愤怒和恐惧充斥着整个俱乐部,
而正中间则是一个巨大的空洞。

他们也应该在这儿。
但他们不在。

不止你一人,
里面成员众多。
我知道你很孤独,别怕,还有我们呢。
我们了解悲伤——不是你的悲伤。
你只能独自煎熬,
别人无从知晓,
亦无法帮你分担。

有时,悲伤的碎片看似一样,
可有时,又不一样。
但我知道那感觉有多难。
我知道它的分量。

我很早就加入俱乐部了,来吃些小点心吧(椒盐脆饼和薯片)。
别客气。
(也有蘸酱,但你看起来没什么胃口。)

我已经在俱乐部里待了很久。
在这儿待了多久,就悲伤了多久。
你刚进来的时候,只能看见灵魂中央那个巨大的空洞,
其余什么都看不见。

接着,几年后,
你的眼睛慢慢适应了。
除了那个大洞,你也能看见其他东西了。
你能看到俱乐部里的其他人,
还有外面的世界。
起初有点模糊,但它们确实在那儿。
你慢慢朝它们前进……

它们还在这儿。

世界还在。

你也在。

只是他们不在了。

我无法保证你最终会平安无事。

我也没法让情况变好。

我能做的,就是和你在一起。

因为,

你并不孤单。

目录

彼得・弗雷泽・劳埃德（1953—1998）：开始和结束　/ XI
自述　/ XIII
找到你的路　/ XV
一盘鸡骨头引发的内疚　/ XXIII
1998年4月21日——结束　/ XXVII

第一章
悲伤袭来　/ 001

　　悲伤就像一团毫无章法、叫嚣着要吞噬一切的乱麻，在你心中留下个大洞，你必须学会承受。

第二章
不存在正确的悲伤姿态　/ 039

　　当我们给自己留出悲伤的空间时，就能摆脱"错误"或"不恰当"的羞耻感。没有所谓的"悲伤"截止日期。

第三章
今天我们如何应对悲伤　/ 065

　　记忆越多就越好吗？那个人去世的事实并未改变，可悲伤仍伴随点赞、短视频和超高速宽带存在着。

第四章

事情发生时，你是谁 / 089

> 你的悲伤、你与逝者的关系都只属于你，你完全有理由搞清楚，找到最妥当的应对之策。

第五章

什么能帮你渡过难关 / 131

> 写博客、日记，阅读自助类书籍，听播客。和一个真正关心你、愿意聆听你的人，边喝茶边聊聊那位逝者。

第六章

如何与悲伤的人交谈 / 155

> 不知该说什么也没关系，要敢于承认自己害怕。帮助一个悲伤的人并不容易，这个事实重复多少遍也不为过。

第七章

当你离开人世时 / 187

> 我们能做些什么来保护未来的悲伤者呢？最糟糕的事情虽已发生，但他们有向导。

第八章

与永恒的悲伤共存 / 205

> 悲伤让新的思想从废墟中生长出来。我永远不会"走出来"，并不意味着我不能好好活下去。

致谢 / 231

彼得·弗雷泽·劳埃德（1953—1998）：
开始和结束

    我不常提及他的姓名，怕触景生情。要详细谈谈他是谁，对我来说仍很痛苦，就姑且这么说吧："我父亲在我十五岁时去世了。"这样含糊其词，就能在他的死亡和我之间拉开足够大的距离，在我将要说的话和我脑海中的记忆之间筑起一个缓冲地带。标题就是他的姓名和生卒年，唉，写下这些仍会让我痛苦。时至今日，描述他去世的种种细节，仍令我心痛万分。"我父亲在我十五岁时去世了。"我不断想着这句话，说着这句话，唯有如此，才能磨平它的棱角，排遣随之而来的痛苦。

    我走进客厅，坐到大沙发上。父亲和母亲已经在那儿了。父亲坐在飘窗前的衬垫小椅子上，那是一把母亲不知从哪儿拿来的有花卉图案的小椅子，适合摆在梳妆室而不是宣告残酷真相的房间里。他神情恍惚地看着我，没有说话。这很不寻常。那是二月里的一天，阳光明媚但并不暖和。就这样，在我家那幢位于郊区的半独立式住宅里，我看着他们俩；在此之前，一切都风平浪静。

面前的他看起来十分憔悴：皮肤特别黄，就像被人用彩笔涂了色。他们说那是黄疸。我当时才十五岁，不知道黄疸意味着什么，现在，他们要和我谈谈。母亲说他得了癌症。她提到胰腺了吗？她肯定提了，但我不记得了。我只记得当时感觉很不舒服，我盯着自己的手，说我想暂时离开一下。我要离开那个房间，因为我没法理解那句话到底是什么意思；我没法像吞食物一样把它吞下去，毕竟它又不能吃，我无法呼吸。

我回到自己的房间，瘫倒在地板上（人在悲伤时，膝盖就不好使了），一口咬住睡衣，尽量哭得很小声。我不想让任何人知道我在那一刻发生了什么，又为什么坐在那儿。如果他们当时问我在做什么，我也没法给出答案。我什么都不知道了，失去了对一切的控制。我迷路了。从此，我失去了前进的方向。

我的悲伤之旅即将开始。1998 年 2 月，我十五岁，住在伦敦郊区，周围没什么好玩的地方。一切都是那么寂静、安全、平和。我对童年最深的印象是夏天——绿叶在风中轻轻摇曳，到朋友家聚会过夜、处处欢声笑语，看《星球大战》，享受假期，下午茶时坐在电视机前吃着托盘里的脆煎饼，等着《新鲜王子》开播……

从那一刻起，一切都变了。我踏上了旅程。

自述

我是"俱乐部"的长期会员。

1998 年,我就加入了亡父俱乐部。

1998 年 2 月,父亲被诊断为继发性胰腺癌。

那时,无论走到哪,都能听到从广播里传出席琳·迪翁的《我心依旧》。

(但事实并非如此,不是吗?)

1998 年 4 月 21 日,他去世了。

我当时十五岁。

不再是人们眼中的青少年了。

(我谈不上叛逆。如果你脑海中浮现的是一个边听《青春未央》边灌下一整瓶伏特加的人,那就错了。我唯一的叛逆表现就是抽烟。但大多数时候,我更喜欢在周五晚上看纪录片《园艺世界》和剧集《红矮星号》。)

在不明肿瘤出现的那一刻,

我一下子就长大了,但同时——

惊恐的我被困在未成年时期。

因为向前走就意味着进入一个未知的世界。

我明白了"永远"的含义。

悲伤满溢，

我无法呼吸，

大脑一片空白。

我把生活分为父亲去世前和父亲去世后。

我的生活被一分为二，我的叙述也由此被分割开来。

这时，我理解了。

从此，我加入了俱乐部。

他喜欢跑马拉松，参加铁人三项赛。

他正在备战世界铁人三项赛。

他会在家里弄出很大的动静，

这倒不是说他话多，

他是那种连咳嗽、呼吸、叹气、思考都能叫你听见的人。

他喜欢让-米歇尔·雅尔和弗兰克·扎帕（二者都是音乐家）。

他重视语法，如果你说"跃然于纸上"，

他准会纠正，"跃然纸上"，

并且在你刚说了一半时，他就会立马纠正。

他喜欢看环法自行车赛，听歌剧。

他放屁很臭，整个电梯的人都会被熏跑。

现在，他走了。但在那之前，他是我的父亲。

找到你的路

  我们俩的关系偶尔还算融洽。我和他都不擅长沟通。别误会，这绝不是一个遭遇丧父之痛的女儿对父亲的深情告白，本书也不是关于如何在这场巨大的悲伤中疗愈自我。失去父亲的确叫人悲伤，但我的经历算不上悲惨，只是乏味得令人腻烦。

  本书不是为了彻底化解悲伤（不像《只需十天，你也可以假装他们还活着！》这类书标榜的那样）。非要从科学角度来说的话，本书的完成得益于有关悲伤这一主题的大量实验，主体既有我自己，也包括我的节目采访的许多人，他们当中有作家、演员、制片人，有临终看护、悲伤心理治疗师、姑息疗法医师，有失去父母、兄弟姐妹、孩子、祖父母、宠物、朋友、伴侣的人，有流产的女性。有些人毫无征兆地突然离我们而去，其他一些人则是在痛苦煎熬中慢慢淡出我们的生活——总之，我们都深陷悲伤之中，每个人都在努力找寻应对之道，而当今社会仍不能开诚布公地讨论这一话题（虽然所有人最终都要经历这一遭）。

  我在努力为自己的悲伤找寻出路的过程中，展开了各种对话，收集了大量信息，本书就汇总了这些对话和信息。你可以把它看成一幅导图。虽然我无法帮你规划行程，但我可以用绘图的方式，向你展示我走过的路。走这条路很不容易，但我做到了；今天，我感觉好多了。

虽然已经过去这么多年了，但我还在俱乐部里。这是个终身制俱乐部：一旦加入，再也无法离开。悲伤会减轻、改变、再度席卷而来，但它永远不会消失。如果你想找到终结它的方法，抱歉，我无能为力，我也不相信有人能给出什么方法。但找到缓解悲伤的方法并非无望的奢求——确实有方法能帮你审视那乱成一团的悲伤，理解它、习惯它，进而学会在享受生活的同时铭记逝者、带着悲伤继续生活下去。我知道，在悲伤最初袭来的那一刻，你就认准它永远不会改变、不会远离。实际上，这就是悲伤的感觉。但就像世间万物一样，没什么会永远不变。深切的徒劳感、痛苦和悲伤都是人生的必经之路。每个人的悲伤都是独一无二的。我永远无法完全理解你的感受，正如你永远无法理解 1998 年春天我经历了什么。但我们都感受到了彻骨的疼痛，也都挺过了那一夜。

这幅导图没有为你指明出路，却给了你一些建议，引导你在这个新世界里前行，帮助你认识这一事实：悲伤既残酷，又不失美丽；它会改变、增强、减弱和重现，将与你相伴终生。你将学会围绕它建立新的生活秩序，与它共存。我知道，有的人读到这里时，会认为这是一个不可能完成的壮举，但从我在俱乐部的经验来看，这是可能的。你会没事的，无论如何，你都能做到。

虽然我在父亲去世时，就踏上了这段旅程，但直到 2016 年开始做《悲伤播客》时，我才认识到这件事对我的影响。每周，我和另一位悲伤者一起反思各自的经历，谈论死亡和悲伤。从此，我打开了那个盒子（是的，就是你脑海中用来承载所有悲伤然后被你盖上盖子的那个盒子，如果不盖上……）。当我打开盒子时，眼泪并没有将我淹没，相反，某种我以为再也不可能发生的疗愈发生了。我开始述说那段最痛苦的记忆，并做成可下载文件，每周与世人分享。

有多少人愿意听我用这种活泼的方式和人们谈论死亡呢？我确信不会有人注意到这个节目，它只会像掉入大池塘里的小雨滴一样，无声无息地消失。这档播客第一季只有四集，在接下来的几年里，逐渐发展到九季，近两百集，下载量高达数百万次，获得多个奖项，开启了数百次谈话，并收到了数千封听众来信。我说这些不是为了炫耀，老实说，我现在仍感觉这一切太不可思议了。我意识到俱乐部不只是满员，简直可以说是人满为患。这么多年来，我一直以为自己孤孤单单，但其实并非如此。我们都在这里，每个人都背着一团不同大小的乱麻——巨大的悲伤乱麻。我们深知肩负它前行的艰辛，但仍在努力地走下去。

本书记述了我对悲伤的反思，以及我一路负重前行的收获。你的那团悲伤乱麻可能与我的不同，但也许我可以帮你省点力气，比如像背着个大背包（那种存储空间充裕但又不太笨重、放得下笔记本电脑的背包。唉，真是梦寐以求的东西）？我们就肩并肩地待在俱乐部里，知道彼此就在身边。发生在我们身上的事情并不罕见，了解死亡、经历死亡都是正常的。悲伤再正常不过了。

当我意识到俱乐部里有这么多人的时候，我感觉肩上的担子变轻了；我开始把这一切看作正常的人生经历，而不是什么我无力控制的事情。我把悲伤视作生活的一部分，承认悲伤是生而为人无法避免的。当我了解到有人和我一样——他们的父亲也死于胰腺癌时，我的痛苦又减轻了一些。我开始与人们交流，他们也积极地回应，就这样，我们开始讲述各自的故事，分享痛苦和欢笑，我们永远铭记逝者，这让大家都好过了些。

我也是从交谈中学到这些经验的，他们理解我，也愿意谈论某些人回避的这个话题。把我们团结在一起的，不是死因、患病时间的长短或事发时的猝不及防，把所有悲伤联系在一起的是，我们仍在背负着它，承受着永失所爱的痛苦。我们都学会了如何坚强地面对悲伤，与之共存。无论每个人的悲伤之旅是长是短，我们依然还是在这个俱乐部里。这并不容易，也绝不轻松，但可以做到。这就是我要告诉你的。

悲伤好比巨大、不断旋转、缠绕在一起的一团金属丝——想象一下你见过的最混乱的耳机线团。解无可解。你要花一生的时间去解开它，当你发现几个线头，循迹而上，几乎就要抚平所有悲伤时，痛苦突然袭来，悲伤再次将你吞噬。我们总是站在岸边，看着悲伤的潮水退向远方，但它总会再度来袭。我们可以把身体锻炼得强壮些，来应对下一波冲击；我们还可以把悲伤暂时交给别人，获得片刻喘息。但它仍然是我们的悲伤，是我们的一部分。你也可以把它想象成别的东西，只要有助于你理解我的意思。我不会带你前往一个不存在的世界。我会向你提问——这些问题曾帮助我理解我的悲伤，或许也能引导你找到答案，帮你认识你的悲伤。我还会给你讲我的故事，讲我是如何与悲伤共生的。我会告诉你，我很快乐——我的悲伤乱麻仍然存在，但我也是快乐的。有时，悲伤仍会压得我喘不过气来；但有时，它又轻得我甚至都感觉不到它的存在。它改变了我，成就了我。我是快乐的，也是难过的。我会没事的。[1]

---

[1] 你可能并不是俱乐部里的人。也许，你拿起本书是为了帮助某位会员（谢谢你这么做）。又或者，你正在体味人生中第一次重大悲伤，想知道接下来会发生什么；抑或是，你想在命运迫使你面对这种遭遇之前，对此有所了解。如果你尚未经历重大悲伤，可能很难相信一次死亡足以把你的生活撕碎，是的，只需一次死亡。要向那些没有类似经历的人解释以下这件事并不容易：你深爱的人去世了，你的灵魂随之破碎（如果你不喜欢"灵魂"这个词，那不妨说成你这个人、你的心、你的本体、你内心中让一切事物正常运转的喜悦——这就是我所说的"灵魂"）。它碎了一块，你的内心从此有了缺口。我可以解释到地老天荒，但除非你有这种经历，否则你没法确切地理解那种感觉；这就好比我没法把巴尼特大街维多利亚面包店的火腿番茄面包卷有多美味真真切切地传达给你，那种感觉只能用绝妙来形容——火腿和新鲜番茄搭配得恰到好处，被最蓬松柔软的白面包（表皮较为松脆）包裹。但这家店已经停业了，所以你只能相信我对那种口感的描述——身处俱乐部中的感受也如此。如果你还没经历这个阶段，可能很难理解"它将会永远改变你"这一事实。话虽如此，你仍能向正在寻找出路、极力让一切重回正轨的人提供帮助。你可以鼓励他们勇敢前行，让他们说出逝者的姓名，允许他们哭泣和悲伤。他们需要的时间比你想象的要久。

我想让你知道，你并不是在独自承受这些痛苦。我想让你看到，还有许多人在经历这一切。生而为人，悲伤是无可避免的。这也是我对十五岁的自己的期待和指引——那时，我变成了一个"没有父亲的孩子"，开始背着悲伤这团乱麻前行。我希望本书能帮助你，安慰你。我希望此刻的你一切安好。我希望你知道：你并不孤单。有这么多人都在这里，你并不孤单。

本书谈到死亡。

本书谈到悲伤。

本书谈到困境。

本书谈到情况的复杂性。

本书谈到你无论如何都无法跨过那道坎。

本书谈到痛苦。

本书谈到失去。

本书谈到你无论如何都无法恢复如初。

本书谈到一切荒诞不经。

本书谈到你陪护时的疲惫。

本书谈到你会号啕大哭，哭声大得就像鹅叫，接着你又大笑，止住眼泪。

本书谈到你无论如何都无法忘却。

本书谈到它如何影响你，哪怕你已经好几年没见过它。

本书谈到我们为何对它避而不谈。

本书谈到你无论如何都无法走出来。

本书谈到你担心该穿什么衣服去参加葬礼。

本书谈到你知道他们在等着你的到来。

本书谈到你只是离开房间一下，他们就不在了。

本书谈到你再也好不了。

本书谈到就这件事而言，不存在正确的处理方法。

本书谈到别因"做错了"而感到羞耻。

本书谈到死亡。

本书谈到悲伤。

本书一直在重申：

你并不孤单。

本书沿着两条线展开：一是主要章节，它记述了我从悲伤中获得的诸多教训，二是我的悲伤之旅中发生的小插曲。有的地方过于感伤，你要是不想被弄哭，可以稍后再看。但如果你正想找机会大哭一场，那就从这里开始吧。

一盘鸡骨头引发的内疚

你和我坐在这个属于我和母亲的沙发上，你只是偶尔会和我们一起坐在这儿。另一张沙发是哥哥的（他最喜欢的游戏就是坐在那儿，把电视遥控器放在沙发扶手上，我虽然看得见遥控器，但永远没法以足够快的速度抢到它，所以客厅电视放什么节目从来都不是我说了算）。

此刻，你和我正坐在沙发上，这很反常。因为你病了，所以才会和我一起看电视。你身体的一部分已经垮了。你原本是个坐不住的人，不喜欢看电视，讨厌垃圾节目，唯一能让你坐下来观看的节目就是环法自行车赛或环赛（难怪没人愿意跟你一起看电视）。你的脸色还是蜡黄。一听到你走路时休闲裤摩擦发出的唰唰声，我就知道你下楼了。

此时正是下午茶后看电视的点。我快看完《辛普森一家》了，接下来准备看《新鲜王子》——这是我无忧无虑的快乐时光。我面前的咖啡桌上摆着一个托盘，里面放着我吃剩的茶点（今天吃的是烤鸡腿和罐装甜玉米——母亲最喜欢这些加热即食的方便食物）。你坐在沙发的另一端。因为我是屈腿坐着，所以你离我还有段距离。你叫我把托盘拿到厨房去（母亲是用塑料托盘盛放下午茶的。哥哥的托盘是条纹的，而我的托盘里面印有一个花哨的森林景观——树叶里还藏着刺猬和兔子。你去世后，我把这个托盘摔得粉碎，但此刻它正盛着骨头、肉汁和碎屑）。

我回答："我一会儿就拿。"

我真是这么想的，一会儿再拿过去。我当时十五岁，有点懒洋洋的，并且正在看喜欢的节目。我不怎么介意你坐在这里，但还是觉得有点奇怪。

"请把你的盘子拿走。"你听上去有点生气了。

"有必要这样吗？"我心想。不是说了一会儿就拿吗？

我回答："知道了。"

天哪，我已经说了我会拿的，你还想怎样？我并没有冲你发火（你得了癌症）。你气呼呼的，身体在沙发上动来动去。好好的节目被你给毁了。你想干什么？干吗这么生气？

我回过神来，继续看电视。巴特或者丽莎或者卡尔顿——总之是一个生活在另一个世界的人——正在说话，我哈哈大笑。

你爆发了，用你那具有穿透力的低沉嗓音吼道："把你的盘子拿出去！它让我恶心！"

我也感觉恶心。

我的胃里胆汁翻腾，脸颊通红。我从沙发上弹起来，把托盘拿到厨房。整个人都在发抖，眼里噙满了泪水（当时一切刚发生不久，我不知如何忍住眼泪，才能不被人发现）。我跑上楼后，呜呜地哭起来，泪流不止。

我为什么不把托盘拿走？为什么你第一次说时，我不照做呢？你为什么不早说？我愤怒，我大哭。我不知道，我真的不知道，我不知道。

1998年2月至4月，我无休止地重复着："我当时不知道啊。我不懂。我不……"

多年来，我都将这天的行为视为自私自利的证据。我让你失望了，完全没顾及你的感受。我当时不知道啊。我几年后才意识到"我当时不知道"。因为我不懂，我不知道化疗意味着什么，我不明白和我们住在一起的这个黑色头发、棕色眼睛、有点神秘的男人正在经历什么。在你患病前，我并未真正了解你，接着你就得了癌症，但"不了解你"这一事实并不会奇迹般地一夜之间发生改变。我们没来得及向对方解释清楚。对不起，我当时不知道。你能谅解我的，对吗？两个疲惫的家庭成员试图在威尔·史密斯的影片和一盘鸡骨头面前搞清楚死亡究竟意味着什么。

对不起。

1998 年 4 月 21 日——结束

　　二十多年过去了，记忆已经褪色模糊，但伤痛的阴影仍挥之不去。我无法详细地描述他去世那天的情形，害怕再次揭开伤口。我努力回想十五岁时的那场噩梦。你要是问我那一年德语课本的封面是什么样，我铁定答不上来——虽然我拥有它的时间比我父亲确诊癌症后存活的时间还要长，但是请原谅我记不清了。

　　那个星期，我们每天都去看他；但那天早上，我不想去医院。他被转移到弗农山医院的癌症病房，他病得太重，已经无法去往沃特福德附近的临终关怀医院。直到今天，我仍然不知道弗农山医院的确切位置，也不想搞清楚，害怕这样做只会让一切记忆变得更真实。我记得我们当时开车是往北走的。那一年，《泰坦尼克号》刚上映不久，我们在去医院的路上经常听广播里的电影主题曲《我心依旧》。我当时感觉怪怪的：席琳唱着她的心将与你相伴相随，而我们却在看着一个大活人的生命走向终结。好像席琳也真的希望我父亲能挺过去，我之所以觉得怪，是因为我们在去探望他的路上不得不听这么一首歌——多像命运专为我写的一出恶作剧啊。

4月20日那天，我不想去看父亲。我坐在沙发上，请母亲允许我休息一天。她坐在那把本该放在闺房的华丽椅子上跟我说话，声音好像从过去飘来的一样。透过她身后的窗户，我看到花园里生长的绿色灌木和各色春花。她说："今天最好还是去看看他吧。"因为害怕，我没再提任何问题。人们经常忘记这点：青少年的闷闷不乐其实可以被解读为"我不知道发生了什么，所以保持沉默，希望你能解释清楚些"。

我们开车去了。席琳充满希望的歌声再次响起（谢谢你，席琳）。我们开着一辆红色的车，来到那家由红砖砌成、几近坍塌的医院，四周绿树成荫。除了我们，到处都春意盎然，生机勃勃。我和哥哥坐在医院的咖啡馆里：巨大的拱形空间里，天花板很高，就像一座寺庙，我们吃着烤豆子和烤面包，餐具是钢制的，摸上去很冷，我们很悲伤。

亲朋好友络绎不绝地来到病房，与他道别，我们守在一旁。我们等了一夜。他被安置在一个面积不大的单间里，等待死亡的来临，我就睡在他床边的地板上。太阳升起来了，母亲求他到有光的地方去，求他放弃抵抗。"去吧，彼得，"她反复地说，"到那束光里去吧。"她握着他的手，让他安然接受死亡的降临，我们都围在他的床边。他于4月21日上午9时40分去世，我看了下时间。我的生日也是21日，但不是4月。是的，我注意到了日期和时间，但没有其他感觉。真讽刺，我想，命运又跟我开了一次玩笑。

我再次走进病房时，护士已经为他摆好了姿势，让他可以平静地离开。护士帮他穿好睡衣，拔掉管子，还换了干净洁白的枕头。我看着他的脸，他已经走了。他有着了无生气的脸和静止不动的眼睛，僵直的手整齐地搭在胸前。他不再像我父亲了，因为他一动也不动，不再大声吃东西，不再呼吸，也没有抽鼻子。我父亲是个生龙活虎的人，是个会发出各种响动和气味的大活人。但眼前这个人太安静了，毫无生命迹象。他走了。这里只有一具尸体。我忽然意识到他之前像什么了：一股推动躯体运转的能量。可现在，那股能量消失了。他去世了。天哪，他真的走了，接下来该怎么办呢？我打开了房间的落地窗，对面是一个有待重新铺砌的肮脏露台，上面有碎石板和半死不活的盆栽植物。我打开窗户是希望他能走，能彻底离开。无论他要去哪儿，我都希望他现在能去了。

第一章

悲伤袭来

你来了，被悲伤折磨得狼狈不堪（一刻不停地扭动着，就像漫画里的打斗场面——四肢从一团阴云中飞出），走进俱乐部的第一个房间。你进入新世界时，之前的不快烟消云散。你孤孤单单……只剩悲伤和期待。其实，你早对悲伤的样貌有了先入为主的观念，对此，你可能都没有意识到，却在不知不觉中接受了这些观念。结果，就落到如今这步田地——最大的恐惧变为现实，你被悲伤紧紧裹挟了。

这趟旅程注定是漫长的。我们的目的不是解决这个麻烦，或者把它甩掉，我们要学会带着它上路。但问题是，怎么才能轻装上阵呢？将来会不会有一天，我们不再感觉如此沉重、艰难和痛苦呢？[1]

---

[1] 如果这就是你的全部疑问，那我现在就揭晓答案吧：这不是一夜之间就能实现的，为思想和心灵造就一张柔软的床，是一个循序渐进的过程——想想看，青苔用了多久才覆满石块——其中的繁重工作还要靠时间来完成。

要想轻松控制悲伤这团乱麻，先要破除我们目前对悲伤的成见。首先，审视一下你的内疚感是很有帮助的。你之所以到了这儿，可能是因为你认为自己在应对悲伤的过程中做"错"了什么。你不断复盘自己在死亡发生前后的行为，发现它们十分怪异、令人不安、过于激动或者不够有感情。我想看看"正确的悲伤"这个想法从何而来。别人说应对悲伤的正确方法是什么？你预想这个过程应该是什么样？现在，让我们从头开始，就从悲伤出现的那一刻开始。

好吧，我这是在说胡话。悲伤从来就不存在"出现的那一刻"，它始终伴随在我们身边。活着就会死去。埋葬逝者是人类最悠久的传统之一，大概是出于赋予死亡仪式感的需要（另外，我猜也是为了阻止穴居人的致命疾病蔓延）。死亡像时间一样古老，而悲伤好似它养的猫——最原始的那种——你以为它已经死了，但其实它仍坐在角落里吐毛球呢。我又在说胡话了，但观点是明确的。你不可能长生不死，所以悲伤总有一天会找到你。

有些人对于悲伤的最初认识，来源于伊丽莎白·库伯勒·罗斯1969年的著作《论死亡和濒临死亡》。你可能不知道我在说什么，但对于这本书提出的悲伤"五阶段"理论，估计你并不陌生。在现代人心中，这一理论的文化分量堪比披头士乐队或《教父》。毫不夸张地说，也许你并未从头到尾读过这本书，但一定听说过它的重要假设：悲伤要历经五个阶段，你会一步步走过痛苦，直至接受现实。要不是陷入悲伤，不得不想方设法让它停止，你可能压根儿都想不起来这个理论。

想从悲伤中挣脱出来是人之常情。你这么想一点错都没有。想要沿着一条能让一切变得合理的路走下去，也不是痴人说梦。多少年来，我们就是这样被反复教导的。直到今天，如果谁在人生中第一次体会到了悲伤的滋味，还会有人劝他沿着一条特定的路径往前走，"对，只要你成功走过那'五个阶段'，就能到达'终点'"。

这不是真的！

是谎言！

认清现实吧！

这一切既悲伤又痛苦！但如果你能停止对那个"终点"的找寻，事情就变得简单多了！

我没有大喊大叫！好吧，抱歉，我确实嗓门儿有点大。

我退后一步。

我只是想申明观点，因为时至今日，还有人相信"五阶段"那套理论是真的，声称它才是应对悲伤的有效办法。对此，我非常反对。

我不是应对悲伤的专家，也并非心理学家、心理治疗师或者顾问，甚至称不上游泳高手。因此，在我这个没有任何资格的人（但也别忘了我提出五十七条"悲伤观点"）试图戳穿有关悲伤的这一著名理论之前，容我解释为什么我对"五阶段"现在仍大行其道

第一章 悲伤袭来 | 003

（很讽刺）感到愤怒。想必你已经注意到了，很大一部分原因来自多年前我对这个理论信以为真时的切身感受。

父亲去世前，也就是我尚未加入俱乐部之时，我就听说过悲伤"五阶段"，知道有这么回事，不知不觉就接受了这个理念。就这样，它在我脑子里扎了根，等待着在必要时发挥作用。我隐约记得它谈到了否认、愤怒什么的，讲述了人面对死亡的各种情绪。"过程很悲切，但谢天谢地，你最终会没事的，你会得救的。"我并没有认真解读它，只是潜意识里知道它的存在。（就好像我知道癌症患者看起来都面色苍白，他们会说一些睿智的话，然后闭上眼，平静地死去。）之前有人去世时，我听他们提到悲伤的几个阶段，还在电影和电视节目中看到过。亲人亡故后，你会经历一个过程，沿着一条直线往前走——每战胜一种情绪，就把它勾掉，始终朝那个终极目标迈进。对此，我深信不疑。情况并没有那么糟嘛，嘿，走出悲伤指日可待！

如此说来，如果谁在经历亲人死亡后，仍然深陷在悲伤之中，兴许是没有严格沿着这条路走吧？或者是没有好好阅读指南，哪里做错了？抑或是他们主动选择沉浸在悲伤之中？要么就是他们在历经这些阶段时不够努力？再不然就是他们拒绝重拾快乐？如果你认为悲伤"五阶段"理论就是真理，那么以上所有假设都是完全合理的。

1998年，我父亲去世了。

悲伤来得突然又猛烈，叫人胆寒。我的世界被翻了个底儿朝天，就好像在洗衣机里不停地旋转，被扔过来、丢过去，被踩踏着。我吓傻了，很生气，也很伤心……我感受到的不是某一种情绪，而是很多种情绪。成千上万种情绪一股脑儿向我涌来，此起彼伏，来势汹汹，根本无从辨别。我有感觉，但不确定那种感觉究竟是什么，当然，肯定是情绪——糟透了的情绪！我才刚刚十五岁，还从未经历这种程度的震惊和创伤；我并没有真正沮丧过，甚至连很难过的时候都没有（我现在才意识到这一点）。我只知道那种感觉很不好，心里不好受。我意识到我不快乐。

我开始找那幅具有魔力的"五阶段"导图，希望它能帮我摆脱这些情绪。我需要捋清和缓解各种情绪，搞清楚那种强烈的感觉到底是什么。但当我一边阅读关于"五阶段"的更多资料，一边试图确定下一步该朝哪个方向前进时，我发现自己完全看不懂它。我就在导图上啊，他肯定走了。我能看见那些蓝点——我就在那儿，被一圈浅蓝色的悲伤包围着——怎么看不到出路呢？无论选哪条路，尽头无一例外都是悲伤。属于我的蓝点似乎指错了方向——它有时飘浮在半空中，有时又不在我所料想的地方。肯定是我做错了什么，我难道不应该处于某个阶段吗？它在哪儿呢？我难道不应该一步步走过那些阶段吗？先是开胃菜，然后上主菜，接着是布丁。我想吃布丁。第一阶段：否认。什么意思？我……否认了吗？他的的确确走了呀，我并没有否认这一点。第三阶段：交涉。跟谁交涉？

他已经走了!

这张清单让人无从下手,没有一条说得通。未能善始,如何善终?如果我没能顺利通过每个阶段,又怎能在最后抵达那片神奇的"接受"之地呢?我连"愤怒"这一关的大怪物都没击倒呢。还得攒多少个金币,才能离开"抑郁"这个阶段?

最初的震惊减弱后,我悲伤了几个月,然后情况开始趋于稳定。我的耳朵适应了各种情绪发出的纷繁的嘈杂声,但压倒一切的仍是愤怒。我一点也不奇怪——我的愤怒是如此火暴,不由分说地把其他情绪都打翻在地。愤怒,没错:我知道它是清单中的一个阶段,所以我没有偏航。可问题是,我压根儿没有向前走,我就只是愤怒,每时每刻都如此。

我好像卡在这儿了。多愤怒一会儿也无妨,但等你把所有愤怒都发泄出去以后,就应该继续往前走了。我的情况完全不是这样,我感受到的仍然只有愤怒。悲伤偶尔会溜进来,但愤怒的力量更大,大到让悲伤窒息,结果我就只能大喊大叫。情况可太不妙了。我母亲并没有我这么生气,她已经麻木了。我哥哥一开始很愤怒,然后就听天由命了。没人和我一样,好像腹部有团滚烫的熔岩——大概在小肠的位置,它一刻不停地燃烧着。这团怒火是如此难以遏制,以至我毫无反抗之力。它决定了我当下的感受,也是我唯一的感受。

大家不喜欢我这个样子,我的家人、老师、朋友都不喜欢。因此，我开始为自己如此不善于处理悲伤而感到羞愧。对于生命中如此重要的事，我怎么能只有一种情绪呢？真是太丢人了。我连悲伤都不会，我把事情搞砸了，简直错得离谱。结果呢……这又加重了我的愤怒和羞愧。按照"五阶段"理论，如果我卡在这里，就无法到达"终点"，也就无法在最后"接受"现实，就再也好不了。

今天，在时间这服良药的安抚下（就像吃完辣椒后喝牛奶），我看清了愤怒的把戏。它在建造一座愤怒的堡垒，以抵御悲伤的入侵，从而避免我受伤。没有人愿意帮助或拯救愤怒的人，也不想跟他们交谈，而这正是我想要的——无人打扰。这就给了我时间，让大脑跟上现实的步伐。他走了。他走了。这件事切切实实地发生了。他离开了这个世界。

如果你也像我这样愤怒过，那你就一定内疚过。我想告诉你：亲人离世，你感到愤怒是正常的，不要将它当成一个必然穿越的阶段。人在悲伤时感到愤怒，这再正常不过——无论何时，愤怒都是正常的。我要向年少的自己道歉，我想告诉她：不必为你的愤怒而难过。我感到很内疚，因为我熟知的悲伤文化告诉我，这不是悲伤应有的样子。电影把悲伤诠释为解脱前的爆发，先是一拳打在墙上，然后流下热泪——这样，你就度过了这个阶段。可我非但没有释然，反而更痛苦了。

感到内疚是责备自己、忽视悲伤的另一种形式。现在我明白了，我那时的愤怒并非一个必然走过的阶段。它是真实存在的，是被允许存在的，那是我悲伤的方式，我当时只能那么做。但当时，我并不明白这些。

由于"五阶段"的误导，很多人都不知道悲伤可以是混乱和无序的。如果你大发雷霆，那并没有"错"，因为在这件事上，根本就不存在"正确"与否。你并没有考砸"悲伤"这场考试，因为根本就不存在"通过考试"。你的亲人去世了，悲伤是你的权利啊！破口大骂也是你的权利。真希望当初有人允许我用自己选择的方式去悲伤，乱糟糟的也好，愤怒、伤心、恐惧的也罢。现在，我准许你悲伤；你爱怎么悲伤，就怎么悲伤。（当然，不包括自残或伤害他人，也尽量别服用精神类药物，可以尽情观看奈飞的节目。）

走出悲伤的路不是笔直的，悲伤也不是一盘必须下完的棋。
悲伤是你永远都要背负的一团乱麻。

多年后，我经过多次治疗，终于摆脱了愤怒，我成为一名反"五阶段"理论的狂热分子。考虑到它对我造成的伤害，我想要大声斥责它的种种缺陷。我希望今天的年轻人不再求助于它，1998 年早已过去，我们也已经进步了。毕竟，在互联网发达的今天，你完全可以通过搜索引擎摆脱"五阶段"的束缚。希望如此。

播客开播几年后，我有一次参加了一个专门针对年轻悲伤者的悲伤主题活动（你没看错，是悲伤主题活动，这里并不只有眼泪和号哭，有时我们也会聊聊天）。小组成员和我谈论彼此的经历，总之，我们在这个美好的夜晚开展了一次开诚布公的"死亡聊天"。[1] 我准备离开时，一位二十多岁的伦敦本地人走向我，她看起来很冷静。她说刚才有点害羞，不敢在大家面前提问，现在她想私下问我一些问题。她的双胞胎妹妹几个月前去世了，她担心自己悲伤的方式不对。她也知道悲伤"五阶段"理论，但她的真实感受并不符合"五阶段"，所以有点担心；她压根儿不知道该如何度过这些阶段。她问我对此有何建议，能不能指出她错在哪儿。

"五阶段"滚蛋吧！

我在心里大喊一声：又是它！我真想对着天空挥一拳，"该死的'五阶段'！你就非得纠缠不休吗？"。

几个月来的悲痛让那位姑娘憔悴不堪，她很像二十年前的我——盯着那幅不知所云的导图，害怕自己已经犯下大错。谎言不光依然存在，甚至还在大行其道。即便在播客和悲伤话题随处可见的今天，她偶然发现的第一根救命稻草也让她觉得是自己做错了。

1　组办方是一个由年轻人组成、名为"悲伤网"的社区，他们通过举办各种线上和线下活动，帮助年轻的悲伤者建立联系。

你不可能悲伤得"不对"。

从现在开始,立即放弃这个想法——"存在一种应对悲伤的正确方法",因为根本不存在正确方法。我希望所有人永远摒弃这个错误的认知。悲伤并非一种线性叙事,不能边走边勾掉经过的地方,它不是一幅让你从头走到尾的导图。别再误以为你可以走完这段路了,你没法做到。你还以为摆脱那五种不同的情绪后,就会到达一个没有痛苦和悲伤的地方吗?别傻了。这就是我对那个姑娘说的话。我解释,"五阶段"是一个过时的理论,只会限制你,而最初的理论实际上被曲解了。

她有点震惊地看着我,接着看向别处,深吸一口气后,又转过头说:"真的吗?"她又问了一遍,仍是一副惊讶的模样。从来没人跟她这么说过,也没有人帮她摆脱"五阶段"的桎梏。

不存在正确的悲伤方式。

这就是我喊叫的原因。虽然"五阶段"理论被曲解,并且年代久远,但人们仍然相信它,求助于它。不要再吃1969年的残羹冷炙了,请不要再相信一个对悲伤者毫无帮助的理论了。它对人有害。相信它只会叫人伤心。那姑娘又看着我,这次看起来轻松了不少:"原来如此,难怪我做不到。"她笑了。我也笑了。

有人竟然把一个复杂、混乱、人人都会经历的过程，打造成一个你能完成的棋盘游戏，这个想法真是匪夷所思，难道不是吗？太荒唐了。我拥抱了她（当时还没有新冠疫情），感到很欣慰，因为她终于知道了真相；当你迷失在悲伤中，以为某种办法能帮你摆脱困境而你做不到时，那感觉真的很要命。

再强调一遍：
你没做错什么。
不存在正确的悲伤方式。

想来也怪，悲伤"五阶段"理论具有的持久生命力，也算令人钦佩了。它就像一首非常好听的歌，长久以来，在你耳畔嗡嗡作响，若即若离。你知道它，听别人说过它，并真心希望它是真的。那么，抛开我们从外界获得的模糊概念不谈，"五阶段"理论到底讲了什么呢？

悲伤"五阶段"理论是指：在经历死亡后，你会产生五种不同的情绪状态，直至最终接受你已失所爱这一事实。该理论已成为文化试金石，人们（大都不是俱乐部会员）一次次地向它求助。而这正是"五阶段"理论的悲剧所在，因为该理论并没有声称自己具备这种能力。伊丽莎白·库伯勒·罗斯在她的著作《论死亡和濒临死亡》中首次提出该理论，她的书并非《经过这五阶段你再也不会感到悲伤》呀！我们对它朝思暮想，因为这个想法实在很迷人。所以，我们选中了这一理论，来迎合内心希望的事态走向。

现在，请允许我正式向你介绍悲伤"五阶段"理论：五阶段为否认、愤怒、交涉、抑郁和接受——有史以来最糟糕的组合。在剖析库伯勒·罗斯的大作之前，我想介绍这位了不起的女性及其构建该理论的背景。

在诋毁库伯勒·罗斯之前，你最好了解她的生平。

1. 她是瑞士裔美国精神病学家。
2. 她获得十九个荣誉学位。
3. 1965年，她开始担任芝加哥大学精神病学系助理教授，并对癌症晚期患者进行了一系列采访。
4. 正是这些对癌症患者的采访促使她开发了"五阶段"理论，即个体在濒临死亡时经历的五个阶段。
5. 她帮助推进临终关怀运动，认为应该给濒临死亡的人提供一个宁静的地方，以便其接受死亡。
6. 1985年，她尝试为感染艾滋病的婴儿和儿童建立一家临终关怀医院，但遭到西弗吉尼亚州当地居民的阻止，他们担心自己会感染。
7. 她写了二十多本关于死亡的书，为濒临死亡者提供帮助。
8. 她还与一名通灵者发生了性关系，但此后，该人被揭露为骗子和参与非法性活动。(考虑到那是 1976 年的加州，正发生美国性解放运动，这也是可以理解的。)

就其所处的时代而言，《论死亡和濒临死亡》是一本不可思议的书。它切切实实地改变了人们对死亡以及临终患者所享权利的讨论。库伯勒·罗斯的一个主要观点是，患者应当被告知生命快要到头了。作为一名心理治疗师，她在工作中发现，很多医生并未告知患者住进医院是因为行将就木。

你很难想象 1969 年的情况和现在有多么不同，当时的很多事物在今天看来都荒谬至极，当然，超短裙除外。库伯勒·罗斯生动地记述了当时与她共事的医生和护士的言谈举止，他们因为自身对死亡的恐惧，而选择不把真相告诉患者，结果反而对患者造成了更大伤害——保护变成了加害。当时使用的语言也很成问题。他们在向患者说明其将因何种疾病而长辞时，可谓绞尽脑汁，搜索枯肠。他们不提供任何细节，所以你也搞不清楚自己到底得了哪种肠癌，比如他们会用"恶性"一词指代一切癌症，讨论到此结束。有时，他们会含糊地告诉患者的伴侣或者父母"情况很严重"，但患者本人是不会被告知这些的。医学专业人士认为，得了绝症和即将死亡的人无法接受"自己实际上快要死亡"这个事实。

20 世纪 60 年代末，美国的医院里挤满了在痛苦中煎熬的患者，他们服用各种药物，接受折磨人的手术，坚信这些治疗最终会让自己痊愈。没有人告诉他们，大部分疗法都是无效的。在《论死亡与濒临死亡》一书中，库伯勒·罗斯认为这样做是不人道的。该观点在当时可谓石破天惊，而主流观点认为这是帮助人们面对死亡最仁慈的方式——无知而终乃天赐之福。

库伯勒·罗斯写道，有些患者已经猜到自己如风中之烛，想和亲人谈谈，却遭到护士和医生的阻止——这些人只想依照自己的想法让患者"感觉好受点"。库伯勒·罗斯认为，如果告知患者的亲人真相，重要的谈话就有可能发生，支持也能被提供。但整个医院被一种奇怪而麻木的礼貌氛围笼罩着；医护人员有种确保一切都干净整齐的冲动，而这最终决定了临终患者获得的护理。库伯勒·罗斯写道，患者可能会对即将死亡感到愤怒，但如果给予他们适当的协助，这种愤怒并不会伤害他们。他们能得到诚实的回答，从而打消心中的疑虑；他们可以在去世前，对所爱之人说出某些至关重要的话；他们可以和护理人员交谈，即使后者无法解答，也没有关系。医护人员只要和患者坐在一起，以示对他们的尊重，告诉他们死亡即将来临，就能让他们平静下来，接受现实。知道真相并不会造成痛苦。患者越了解自身的状况，就越能对正在发生的事泰然处之。

库伯勒·罗斯认为，专业医护人员在告知患者真相后，应当给他们一些时间。如果被允许慢慢地、分阶段地消化这些信息，患者就能接受命运的安排。

干得漂亮，库伯勒·罗斯——到目前为止，你写的这些都合情合理。

库伯勒·罗斯认为，患者从确诊直至理解自己即将死亡，要经历五个阶段。第一阶段是否认（和隔离），患者不相信诊断，认为肯定是搞错了，他们会要求再做一次检查，坚信情况会好转，只要找到那种神奇的治疗方法，就会没事。第二阶段是愤怒，他们对癌症感到愤怒。"为什么是我？我可是个好人啊，不该让我死，这不公平。"第三阶段是交涉。"要是我祈祷一下，没准儿就能治好？如果我表现好点儿，上帝就会治好我？"第四阶段是抑郁。"我不想死，这太可怕了，我太可怜了。"第五阶段是接受。"我要死了，我正在死去；对此，我完全明了。"库伯勒·罗斯观察到，一旦到达最后的阶段，患者就会平静下来。他们可能会叫家人离开，只想一个人待着，因为他们已经准备好了。库伯勒·罗斯写道，一般而言，当患者有足够的时间和空间到达最后的阶段时，他们会在接下来的几小时或几天内去世。战斗结束了，他们能看到身体的真实状态——它正在死亡，他们该走了。整个过程中都有人引导他们，现在他们已经说完了该说的话，表达了疑虑，道歉了，可以平静而有尊严地离开了。

听起来还不错。如果你不得不走，那就尽量平静地走吧。留出时间道别，搞清楚到底是哪种病害了你。卡里亚德，真搞不懂你对库伯勒·罗斯有什么可抱怨的……假如我因某种绝症而要离世，我可能也会经历这些阶段……等会，等会……可这一切关悲伤什么事啊？

谢天谢地！终于有人和我想的一样了！这个理论跟悲伤毫无关系，它讲的是濒临死亡的人。

❖ 月夜漫步，走入棺材 ❖
❖ 又跳出来，吓死我了 ❖

是的，库伯勒·罗斯的"五阶段"理论针对的是濒临死亡（死于绝症）者，而非那些在亲人去世后仍要面对残局的人。换言之，这不是写给你的。

这不是写给你的！

库伯勒·罗斯在其著作中描述的大多数患者都因癌症离开。时至今日，仍有很多人如此；当然，癌症绝不是唯一的致命疾病。《论死亡和濒临死亡》也能为临终患者的照顾者提供指南。你知道这本书的副书名是什么吗？我猜你不知道，因为那些人跟你说"走过'五阶段'就能摆脱悲伤"的时候，从来不会提到这一点。现在，我来告诉你答案：《论死亡和濒临死亡——医生、护士、神职人员和患者家属能从临终患者身上学到什么》。我说什么来着？这与悲伤毫无关系！按照这个逻辑，你大可拿起一本名为《论汽车和驾驶汽车——驾驶员、乘客、神职人员和车主能从汽车身上学到什么》的书，读给那些深陷悲伤的人听，并坚称这对他们有帮助。"说真的，我这是在帮你，你轻踩离合器了吗？那真的会影响刹车……你怎么还没接受'他们已经离开'的事实呢？哦，怎么又哭上了！拜托，不是刚说完嘛，看镜子、打灯、接受现实！"

如果你清楚库伯勒·罗斯这本书的目标受众是临终患者，那么"五阶段"理论就说得通。它有一个明确的终点——死亡，但悲伤并没有一个明确的终点。可人们忘了原著的写作背景，只记得那个"五阶段"神话，这真让人恼火。它不是悲伤指南，而是临终指南。正因为存在这种天真的想法——度过这些阶段就能到达终点，我们（和亲朋好友）才会因总也走不出来而感到挫败。

学界也早就指出该理论被曲解了：几十年的研究表明，大多数人的悲伤并不是分阶段发展的。就连库伯勒·罗斯本人也公开说明，她的理论被曲解了。既然如此，为什么我们依然把它当成救命稻草呢？1998年的我（彼时也是个青少年）与我在2019年那次悲伤主题活动中遇到的那位本可以上网查找有用信息的姑娘之间相隔了二十年，可我们却找到了同一个答案。为什么"五阶段"的魅力依然不减？

原因在于它简单易懂。它讲述了一个帮我们走出悲伤迷途的简单故事，它不会制造混乱或令人困惑。它是一种线性叙事，一条路

第一章 悲伤袭来

走到底,有美丽的开端、中段和结局。对悲痛欲绝的人而言,还有什么比经过波涛汹涌的大海后投入平静的港湾更诱人的呢?亲人离世后,你的世界被搅得天翻地覆。你的情绪、心灵、睡眠和思想从未如此混乱(我又一次感到同样困惑、疲惫和情绪化的时候,是在第一个孩子出生后)。对身处此等地狱中的人,你能说的最抚慰人心的事情就是:你会没事的,慢慢就好了,一切会结束的。

以我的经验来说,随着时间的推移,你确实会好过些,状态也会慢慢好转,但这个过程不是一条直线。有时向前,有时退后,左摇右摆,跌跌撞撞,我无数次被打倒。真正对我有帮助的是,我开始围绕悲伤建立新的生活秩序。我知道,以下这个更符合实际情况的说法,会让那些非俱乐部会员或刚刚加入并且还在拼命寻找出路的会员不安:这个过程没有尽头,但不管怎样,你总能学会与之共存。

这正是"五阶段"依然存在的原因,它向你承诺了"终点",承诺你会到达那片让你感觉美好的乐土——好得不能再好;就这样,我们对这个彩色的谎言信以为真,因为它看起来真的很好。悲伤终有结束的一天——这个想法对我们有如此大的吸引力,以至于库伯勒·罗斯的理论被扭曲后融入主流文化。我记不清有多少次非俱乐部成员向我提起它,想以此证明他们十分了解悲伤。它巧妙地嵌入我们最熟悉的故事结构,电影和电视节目也大都采取线性叙事。悲伤必须有个"结局",观众才能满意地离开;故事结束了,人改变了，也吸取了教训——这就是故事的发展方式。"五阶段"理论就迎合了我们对这种结构的渴求。悲伤的好莱坞版本是：虽然死亡令人悲伤，但你会继续生活下去，一切都会好起来的。我们欣然接受屏幕上的一个个场景，它们将悲伤刻画为一个"大哭、撞墙、哀号、流泪、最终接受"的简单过程。看完这个充满希望的故事后，我们当然也想在复杂的生活中找到同样简单的出路。[1]

尽管我们都希望生活像一个直截了当的故事那样简单，但现实可不是电影剧本。当亲人从你的世界消失时——你可能早已料到，抑或是你半夜接到一个紧急电话——你对此的真实感受和处理方式不可能（也不会）有序。悲伤就像一团毫无章法、叫嚣着要吞噬一切的乱麻，在你心中留下个大洞，你必须学会承受。你不能指望把它分成几个阶段，随随便便就消化掉。只有你承认它很棘手，才能在几年甚至几个月后甩掉羞耻感。

好吧，现在你身处悲伤之山的顶峰，身上只有两罐汽水、一个坏手电筒和一张明确告诉你没有回家路的导图。接下来该怎么办？

---

[1] 顺便说一句，1993年的电影《土拨鼠之日》直接描绘了"五阶段"，但并未明确提及死亡。主角菲尔·康纳被困在时间里，不断重复着同一天的生活，日复一日，直到"做对"。他艰难地接受命运的安排时，经历了不同的阶段：否认自己陷入困境；愤怒（他打了内德一拳）；交涉；抑郁；接受。导演哈罗德·雷米斯表示，该片编剧丹尼·鲁宾正是以库伯勒·罗斯的"五阶段"理论为模板，设计了康纳的旅程。康纳顺利度过了每个阶段，直到变好，最终皆大欢喜。这是20世纪90年代一部成功的喜剧。但在我看来，这再次证明用悲伤"五阶段"理论来比拟人类现实是多么不合适。它不过是为了安慰人心的好莱坞版悲伤。

"五阶段"已经无法带你到达那片接受之地了，你该如何应对这种有史以来最糟糕的状况？

史蒂芬·曼甘

演员、作家。史蒂芬的母亲在他二十岁出头的时候去世了。

你告诫自己千万要小心，别犯错，别悲伤"错"了；陷入悲伤时，你担心自己不正常；前一分钟感觉糟透了，后一分钟又兴高采烈……情绪完全不受控制，你担心自己不够在乎……"我应该难过三年才对，应该一直痛哭流涕啊，我的母亲去世了！"但现实情况并非如此，你不是这样消化悲伤的，尤其当你还年轻的时候。这些情绪会突然一股脑儿涌上来，然后消失，接着再度袭来，这种反复可能会伴随你的余生。

尽管"五阶段"的威慑力依然存在，但令人欣喜的是，人们对悲伤的认知正在迅速发生改变。其他理论也确实存在，并且没有把悲伤硬说成一条直线（你肯定不会在电影的叙事中看到这些理论）。它们更微妙、更复杂，也更真实地反映了我们的体验。很多学派都可以帮你理解悲伤，比如它如何运作，以及如何影响你。其中许多理论都提供了更温和的处理方式，允许你走一条曲折的路，为悲伤保留空间，逐渐围绕它建立新的生活秩序。

现在，我带你走入悲伤学界，给你讲讲一个让我大开眼界的理论。这个理论彻底改变了我看待悲伤的方式。我看到这个理论时，第一个想法是：竟然有人跟我想的一样！该理论是由玛格丽特·施特勒贝和亨克·舒特这两位学者创建的，它比"五阶段"理论更复杂；我认为，它对悲伤的描述更符合实际情况。施特勒贝和舒特提出了一种应对悲伤的新方式，其中包括"次级损失"概念（比如子女去世导致婚姻失败，父母去世致使家庭缺失等）。他们的"双过程"模型认为，不应该急于恢复积极的心理状态。（读到这儿，我真是如释重负！允许悲伤者继续悲伤，无论他需要多长时间。[1]）我们内心的全部感受比好情绪（幸福、喜悦、爱等）和坏情绪（悲伤、愤怒等）复杂得多。正是因为我们意识到有些情绪是消极的（比如悲伤），所以切实感受它们才很重要，我们真的很难过。

在遇到"双过程"模型之前，我获取的所有信息都是关于逃离悲伤以及如何度过这个阶段。你在悲伤时，当然希望如此，这无可厚非。但跟悲伤打交道这么多年的经历让我明白，你根本无法摆脱悲伤，它永远在等待着，没什么恶意，就是时刻静待机会再来。悲伤时，你无可奈何，只能听之任之。讽刺的是，我们对感受负面情绪的恐惧会阻碍我们前进，阻碍我们到达那个可以承受这些情绪而又不至于崩溃的阶段。

---

[1] 有个术语叫作"复杂的悲伤"，即由于关系或死亡的复杂性，悲伤可能会持续很长一段时间，所以可以用不同的方式来处理。

凯蕾·卢埃林

作家、演员。凯蕾在一年内失去了六个亲人,其中包括父亲、年幼的侄子、祖父和抚养她长大的祖母。

伤心不好,哭也不好,陷入悲伤更不好。一个小时了,你的感觉除了糟糕还是糟糕,这时我就会说:"坚强点儿,去跑跑步,做些什么吧……"在我看来,两者兼顾很重要:在感受悲伤的同时,得想办法把情绪和化学物质释放出去。

菲莉帕·派瑞

心理学家、作家。

关于眼泪,我想说的是,一旦你允许自己流泪,你就会发现,情况并不像你担心的那样糟糕——你不会被它淹没,也不会哭超过一小时。久而久之,你身体的自然反应就是,受够了,受够了愤怒,受够了流泪。所以,感知它,同时知道你能应付,远比把它锁在心中的那个盒子里要好。

"双过程"理论认为,当我们悲伤时,另外两件事会同时发生,情况有点复杂,有时会让你感到困惑。我们处于可怕的悲伤时刻,大哭不止、涕泪交流、哪哪都疼。但同时,在一波又一波痛苦之间的中场休息阶段,你又不哭了。此时,你可能会尝试做一些让自己感觉好点的事情(修复导向):聊天、吃巧克力、看垃圾电视节目、盯着社交媒体、躲在羽绒被下等。[1] 我十几岁时就这么干过，长大后再度经历了一遍。我认识的大多数悲伤者也承认自己有过同样的经历：很长一段时间，他们都觉得自己忽视了悲伤，注意力转移了。我和《悲伤播客》的许多听众交谈过，他们坦言："唉，我感觉不好。我应该多想想那个人，而不是……"

我也是这种感觉，尤其是刚开始那会儿。我为没有哭个不停而感到内疚。如果我这几天休息，不哭了，是不是就不尊重父亲了？我做错了吗？"双过程"理论认为，"忽视"悲伤和感觉不到悲伤都属于这个过程的一部分，我们会在悲伤和停下来喘口气之间摇摆。只有同时做这两件事，才有足够的时间去应对正在发生的事。我们不能整天沉浸在悲痛之中；眼泪哭干了，喉咙开始疼痛，接着去上个厕所。止住悲伤，喘口气，这些都是有帮助的。走出悲伤的过程很艰难，我们必须从那种深切的悲痛中跳脱出来，休息一下，唯有如此，才能继续活下去。

亚斯明·阿克拉姆

演员、作家。亚斯明向我讲述了她的姑姑伯纳黛特去世的过程，她从小是姑姑看着长大的。

我此前从未感受那样的痛苦……我每天早上醒来第一件事就是

---

[1] 修复性活动是指你从悲伤中逃离时开展的活动，它不同于彻底的否认行为，后者包括醉酒、吸毒、刷手机……这些都不属于修复性活动。

大哭，接着我对此感到厌倦。"能不能休息十分钟？我不想一直被泪水淹没。"

理查德·科尔斯

牧师、播音员、作家。理查德的丈夫大卫于 2019 年去世。

我发现，悲伤至少包含两个层次：最上边的一层是，你在商店里，因为不知道该选哪个牌子的帕尔马干酪而大哭；隐藏在最下面的一层，发生了深刻的根本性变化，除了努力挺住，别让自己掉下去，你什么都做不了。

我发现"双过程"模型时，长出了一口气；原来，不能遵循"五阶段"的人不止我一个！从十几岁时一直挥之不去的内疚消散了，我并没有做错什么。

父亲去世后的一年里，我开始沉迷肥皂剧。听上去也还好——但其实我根本没在看，我在消失。节目一开始，我的大脑就放空了，我感觉幸福而平静，没有痛苦，没有悲伤，我陷入了一种无知无觉的状态。我全身心投入别人的世界。当时的电视节目排得很满，你可以在肥皂剧中轻松度过几个小时，甚至都不用离开沙发。我下午 5:35 开始看《邻居》，6 点看《家与远方》，接着看《辛普森一家》，最后以《艾玛镇》、《伦敦东区》和《加冕街》收尾。因为《辛普森一家》和《伦敦东区》之间有个空当，所以我把《艾玛镇》这个我之前从未看过的节目加了进去。这样，我就完全没有安静思考的时间了，不用去想死亡的这段平静时光可真美好啊。

那还是1998年，社交媒体尚未出现——今天的悲伤者大都会转向社交媒体吧，在那上面躲个一两晚，暂时停止对痛苦的思索。如果那时我知道"双过程"就好了，多希望有个亲切的声音对我说："没关系的，你必须休息一下，不能一直哭个没完。"要是那样，我就不必为遮遮掩掩而感到羞耻。后来，母亲觉得不能再坐视不管。她从客厅门口探出头来，看到电视上正在播《艾玛镇》，说道："天哪，卡里亚德，你竟然看这个？你还好吗？"说完，她又去煮茶了。这绝不是说《艾玛镇》不好——它是一部制作精良、很有深度的肥皂剧，很多人都喜欢看。但我母亲是对的，就算是我，连续看三个小时剧也实在不像话。

经过母亲那次挖苦，我开始戒除肥皂剧，不再一刻不停地看电视了，我开始思考今后的人生道路到底该怎么走。我艰难又缓慢地走出了悲伤的第一年。但那段时间狂看电视的行为，让我深感后悔——感觉犯了大错，我怎么能那么自私，怎么能停止悲伤呢？

最近，我终于原谅自己了，因为当时只能那么做。时断时续地悲伤是可以的。暂时忘记悲伤，躲到一个不那么痛苦的地方，等准备好了再回来，也是可以的。悲伤会波动和重复——它不是一条直线。如果你还在原地打转，或者让奈飞再播放一集你其实根本不感兴趣的节目，也没关系。你已经尽力了，你做得很好。

第一章　悲伤袭来 | 025

悲伤既常见又独特。我知道你的心很痛，但又不清楚这种痛究竟是怎样的。如何面对悲伤、越过悲伤或者走出悲伤，完全取决于你自己的经历。你确实需要一张导图带你走出悲伤，但它必须是真实有用的。找到适合你的方法，并接受以下事实：随着年龄的增长，情况会改变，悲伤的其他层面也会发生变化。如果"五阶段"对你有用，那我真心为你高兴。任何能引导你走出悲伤泥潭的事物，都是值得庆祝的。但如果你和我一样，对"五阶段"的种种规则感到沮丧，请记住：还有别的方法能帮你厘清奇怪的悲伤过程。你从来没有做错什么。

葬礼那天

我穿着从网上买的暗棕色上衣、黑色丝质针织衫、黑色罗纹套头衫、微喇长裤，戴了一条他在土耳其送给我的金项链（后来不知什么时候弄丢了）。鞋子是我以前常踩着到处走的那双大靴子，就像辣妹合唱团穿的那种，但更哥特、更偏卡姆登风格。学校里每个人都拿这双鞋取笑我，但我就是喜欢它，因为它与众不同——这也是我现在的感觉。我计划着那天的穿着，好像晚上要出去玩一样，那感觉很怪；那可是件大事，是一个无比可怕的时刻，当然，我需要穿上盔甲。

自 675 年以来，万圣教堂就挨着伦敦塔。它是伦敦金融城最古老的教堂。马路对面的那片空地，在过去几个世纪里经常被用来绞死、审讯和关押叛徒。威廉·佩恩曾在这里受洗，他后来开拓了宾夕法尼亚州殖民地。美国第六任总统约翰·昆西·亚当斯曾在这里完婚。我的父亲，作为一名管理顾问，将在这里举行葬礼——这座城市教堂将为一个来自伦敦北部、说话带点威尔士口音的男人举行葬礼。

教堂的设计很简单——透明的玻璃、抛光的地板，它历经英国宗教改革并幸存下来。走进去，你更能感受到它的宏伟，仿佛它自己也意识到自身承载的厚重历史。以前，我们经常周日到这里来。后来，我母亲受够了漫长的车程，加之缺少同伴，就开始带我们去当地的教堂了。有一次，我们去郊区的一座教堂听布道，有了参照物，我才意识到万圣教堂的布道等级有多高。就这样，每个周日，我都像看伦敦西区的演出一样，参加礼拜仪式。而现在，我被迫坐在这儿，观看这场由教堂组织的"业余演出"。

我听起来有点势利，是不是？确实如此。我被惯坏了。万圣教堂的牧师可主持过朱迪·嘉兰（美国女演员、歌唱家）的葬礼；他在受到感召当牧师之前，曾在好莱坞工作，知道如何让坐在最后一排的信众都能听到他的声音，让你觉得上帝真的在借助他与你对话。我信以为真。当然，我们当地的教堂也如奶茶般能给你愉悦感，但万圣教堂堪称纯咖啡因——复活节时，他们会拿真正的吉百利奶油彩蛋给会众吃，但这还不算，圣诞节时，一头真正的驴子会出现在过道上。不管你信奉什么，也不论信仰是否坚定，你都会度过一段美好的时光。我爱这座教堂，爱它上演的基督教演出：一个有观众互动、巧克力和滑稽表演的精彩节目。

爷爷赫伯特（大伙都叫他伯迪）帮助筹资，在教堂门厅处装了一个供残疾人士使用的厕所，对此，他颇感自豪，经常带人过去参观。他总是两眼放光地领人们进去，说道："过来，给你看看我最近的劳动成果……"看到伦敦金融城的大人物对一个新厕所啧啧赞叹，他高兴得眉飞色舞。

礼拜结束后，大家会聚在一起聊天，就像聚会一样——父亲忙着社交，爷爷忘了自己其实不再需要社交。我则跑来跑去，穿梭在身着优雅裙装的女士之间，为的是再拿一块饼干，接着，又能得到一个奶油彩蛋。你可能以为我在胡诌，但这些都是真的。

1998 年的葬礼这天，教堂里座无虚席。人们彼此紧挨着坐在长椅上，两侧也都站着人，他们脸上仍然挂着惊讶与难以置信的表情。我们坐在最前排。我没有回头看，只是盯着我们的教堂，这个曾经充满戏剧性乐事的教堂今天却弥漫着失落而悲伤的葬礼气氛。棺材上放着他的一双跑鞋。每个人都说："想得真周到。"他们熟识的一位女性友人唱了一首歌。他的一位演员朋友发言了，他举着那天（我父亲去世那天）的报纸——我记不清了，上面有关于太空或月球的内容，大家都称赞他的发言，说"他肯定也会喜欢"。

"志存高远，梦想远大的孩子。"他是这么说的吗？但接下来的事情开始变得模糊不清。

我低头看着裤子，仔细研究那富有弹性的黑色面料。一年后，我在家附近的一家面包店找了份工作，每周六我就穿着这条裤子去上班（下午 6 点后能免费吃糕点）。去西班牙度假时，我穿着葬礼上的那身行头——暗棕色上衣和黑色丝质针织衫。一天晚上，有个男孩说："我喜欢你的上衣。"我答道："谢谢。我就是穿着它参加我父亲的葬礼。"我这人就是不会撒谎，虽然有时候撒谎能让事情变得简单些,也能减少不必要的尴尬,但我就是做不到。

人们离开教堂时,弗兰克·扎帕的《桃花满身》响起,它是父亲最喜欢的一首乐曲。但扬声器的声音太大,与当时的氛围有点不搭。那座古老庄重的教堂里,竟响起如此自由狂野的音乐,不过,这倒也符合他的成长历程:一面稳重,一面不羁。

我的朋友都在,哥哥也在。仪式结束后,我们都聚在教堂后面。那感觉就像是一场聚会刚结束,大家还不准备离开。人们一一问候,我则躲在后面听着,因为我怕对那些成人说出什么错话或傻话。一个从未谋面的亲戚和我说话,他看起来挺大年纪了。他说我父亲的去世让他很难过。"是的,我知道,我也很难过。"

因为参加葬礼的人太多,我们租了一辆客车,并获准把它停在教堂旁,这给我留下了深刻的印象。上车时,我感到一种奇异的兴奋感。这太奇怪了,我努力甩掉这种"错误"的感觉。那里从来不让停车,父亲每次都要费老大劲儿,才能找到停车位;可现在,我们就停在这里,谁能想到死亡竟能带来这个奇怪而又无关紧要的特权——最佳停车位?

客车从教堂旁倒到公路上时,我又低头看裤子,研究其上的罗纹材质和上下起伏的线条。这样,我就不用目睹棺材被放进灵车的场面了。灵车,是的,大家都在说这个词。母亲说:"我们就不坐那辆车了,我怕控制不住。"

如果你问我接下来发生了什么,我没法回答你,在那之后的几年里我都没法回答这个问题,好像那天就在那一刻结束了一样,中间是一片空白。后来,我记得有酒吧和鸡蛋三明治,还有很多亲戚。一位身穿豹纹衣服(我家很少有人穿这种花色)、头戴大帽子、涂着口红的女士笑着跟爷爷说话。他身上还残留着一丝令人敬畏的魅力和俏皮风格,但一点儿也不像他……一点儿也不。她是我的表姐,可能是二表姐,也可能是三表姐,我在酒吧里听人说:"哦,他们是表亲。"我吃了太多蛋糕,怎么没人阻止我呢?

多年后,我试着填补那段记忆空白。有人问起他火化的事,我才意识到这就是被我删除的那段记忆。想想这有多奇怪:有人问你一件事,你使劲想啊想,在脑海里翻找,才意识到那段记忆根本就不存在。我知道他被火化了。那天去酒吧前,我们坐车去了哪儿?脑海里……一片空白。我盯着那个空荡荡的记忆抽屉,默想:"请告诉我发生了什么?"

我静静地等待着。

"你真想知道?"那抽屉好像在问。

"是的,我想知道。"

"好的。"抽屉答道。好像这么多年来,它一直在等待这一刻的到来。

接着,那段记忆回来了——那是可怕、令人痛苦的火化过程。你瞧,我并不是无缘无故删除它的。我不想记起这段,一点儿都不想。所有的喧闹都消失了,脑海里浮现家人和几个朋友,还有伦敦北部的火葬场（大家都去过的那个）：苍白的长椅，新木头，一切都那么干净。此刻，再没有什么能分散我的注意力了。一切都过分真实。那是最可怕的一段。他走的那一刻，那棺材……那幕布——你感觉它们带走了他。终于带走了他。接着，什么东西被撕裂了，灵魂中出现一道伤口。现在，只剩悲伤。现在，只剩我们了，在幕布的这边是一场没有笑声的可怕剧目。

令我震惊的是，我仍能再次忘记那些从我眼前闪过的场景。哦，是的，我记起那天了。那就是结束？永别？不，不对，后来还有自助餐，大家还聊天来着。一切并没有随着他的离开而结束。他没有离开。他只是……不在这里了，他去了别的地方。他在我十五岁那年去世了，然而他还没走。

浪潮来袭——1998 年

夏

很多记忆开始变得模糊。多年前肩膀上晒伤的痕迹……和他去世后几天、几周、几个月发生的事情混在一起,我几乎不记得他走后一周的情形了。我什么时候开始和母亲一起睡?什么时候回学校?什么时候参加了那些无关紧要的考试?

悲伤通常被比作袭来的一阵阵波浪。用它来描述那些你无法控制的事情,再恰当不过了。深陷痛苦之中的人像克努特大王[1]一样站在海边,对着海浪嘶吼,说他们才是这片海岸的统治者,但海浪丝毫不理会。有些海浪更凶猛,有些还会咆哮。

秋

我记得有一天回到家,正好是下午,家里只有我一个人。独自

---

[1] 英国、丹麦和挪威的国王。他把人们带到海边,命令大海停止涨潮,然而大海还是继续涨潮,以此向人们证实并不是世上的一切都服从他。

一人时，是哭泣的最佳时机。有人在时，我是不会哭的，我不会让人知道我有多难过。那样有风险，不安全。忍住，卡里亚德，再坚持一会儿就到家了。你不在乎，不在乎，他们也认为你不在乎。现在，放学回家，终于一个人了，我哭啊哭，哭个没完。这里很安全，不用担心一把鼻涕一把泪的狼狈相被人发现，我哭得像个狼孩，又像特洛伊人的妻子那样悲痛欲绝。

一个十五岁青少年对悲伤的感受是：一团糟，不能自已。生命里只剩下悲伤，连呼吸都会痛。再无容身之地，我是谁？我将成为谁？我就是悲伤，悲伤就是我。

没人能听见我的号啕大哭。我坐在沙发上，对着天花板和书架顶上的犄角喊叫；我在想，万一他还在那里呢？像鬼魂一样，就像……中年亡故的卡斯珀[1]爸爸。"你到底在哪儿啊？"我喊道。

别叫了！快停下，卡里亚德！情况已经够糟了。太不像话了！

我命令自己停下，硬撑着穿过走廊，来到厨房。拿起我那个印有森林景观的托盘，双手抖个不停。愤怒的情绪涌上来。我的手开始发痒。我把玻璃杯和带有三明治碎屑的盘子从托盘上拿下来。我想搞破坏，但不能做得太过分，闹到无法解释的地步可不行。我

---

[1] 美国奇幻电影《鬼马小精灵》，讲述了小女孩和她的父亲受雇来到古旧庄园驱赶幽灵，却与小精灵卡斯珀建立友谊的故事。

抓紧白色托盘,指节泛白,下一刻,我把它摔到地上。一大块崩下来,盘子的一角缺了一块。就碎了一大块。我喘了口气,感觉好多了,但紧接着,我又觉得尴尬无比,为失控感到羞愧。现在托盘坏了,他们该知道我很难过了。我可以说是手滑。如果他们知道我很难过,就该找我谈话了。我不想谈论未曾真正发生的事。他没有离开,他怎么可能离开呢?没道理呀。所以,他肯定在别的什么地方。

但是,你看到他了,卡里亚德,那天你看到了……

我收拾了残局,让厨房复归平静,看不出发生过什么。平稳、安静、可控,一切都很好。后来,我告诉母亲托盘不小心掉下来了。她看了我一眼。

现在,我只感到麻木和遍体鳞伤。号叫让位于平静。愤怒得以暂时排解,但我感觉它永远不会结束,它还会再次袭来。波浪暂时退却,给我时间重新振作起来,我要趁这个空当让心变得像石头一样坚硬,这样,下次就能承受痛苦的猛击和咆哮。但我不知道下次是在何时、何地。忍住,坚持到回家。就像参加数学考试那样,用指甲使劲儿掐手掌,这样就不会哭出来,不用承认我不知道答案。
"你到底在哪里啊?!"

冬

为了避开圣诞节，我们去了新西兰探亲，探访你这边那些从未谋面的亲戚——姑奶奶菲利斯的后代，她就是我父亲的姑姑。卡里亚德家族被留在世界的另一边。我们开始旅行度假！就像从前那样：东走西逛，四处游览。你不在身边，但也许你正在打电话、参加会议什么的，稍后就会跟我们会合。感觉好多了，我觉得你只是暂时不在，而不是去世了。

他们是如此善良、体贴，我们离得又如此远。我见到了姑奶奶安妮，她也就是我爷爷的妹妹。她风趣又聪明，给我讲了另一个姑奶奶基蒂的逸事——基蒂是布里真德第一个穿长裤的女性。跟安妮谈话让我由衷地感到高兴，那感觉就像回到自己家，和家人待在一起。她就像另一个我，只不过嗓门儿和脾气都更大些。我跟他们相处得很融洽，终于有个能接纳我的地方了。我不只跟你像，也像这些女性亲戚。为什么没人告诉我这些？为什么我直到现在才知道？

离圣诞节只有几天时间了。我们住在一个避暑别墅里，他们称之为"小屋"。那儿有一个脑袋那么大的帕芙洛娃蛋糕，我也不知道是怎么回事。我们看了《战士公主西娜》（讲述女英雄的故事），西娜在阳光下唱颂歌。我和哥哥有点困惑，但都笑个没完，我们吃烧烤，还去蹦极，过了个节。

电话响了。我站在客厅里，但下一刻，我又出现在卧室里，正往上铺爬。我不记得是怎么进来的，完全不记得了。爷爷去世了。赫伯特——我父亲的父亲，去世了。我当着所有人的面放声大哭，完全失控，我努力往上铺爬。我不在乎，什么都不在乎了。因为现在他也走了，他能说会道、会变魔术、口才雄辩，他是战俘中的幸存者、桂河大桥的建造者，后来还当了律师，他把我们所有人团结在一起；他是你的父亲，对我无比重要。我生命的另一块基石坍塌了。

我哭得很厉害，一屋子人都在哭，因为每个人或多或少都算是他的亲戚。几天后是圣诞节，哥哥忘了，在睡懒觉。等他下午睡醒时，我们说已经是圣诞节了，他怎么都不相信。我们只能打开电视来证明真的是圣诞节。整个世界都变了，你走了，他也走了。一切还有什么意义？我不再找你了，因为我的确不知道你在哪里。一切都失去了意义。

多年后，我读到：你必须独自一人走过四季。一个人看树叶飘零，感受严寒晦暗的天气降临，然后，看春花重现，感受阳光再次普照人间；这一切发生时，他们都不在身边了。每当季节转换，脑海里总有个声音在说："他们没看到那花，没闻到花香，也感受不到阳光和煦。他们不在了。"

他们不在了。

第二章

◈

不存在正确的悲伤姿态

现在，我们已经明白悲伤不是一个线性过程，它时而上升，时而下降，时而嗖地一下返回起点，就像一场玩砸的弹球比赛。接下来，我们再深入了解悲伤文化的历史。在"五阶段"登上统治地位以前，还有哪些关于悲伤的理论？是什么促成了我们今日对悲伤的种种期许？

请允许我向你介绍格温多林·赖特葛里温。看，她在那里，怅然若失地站在那幢别致的联排别墅门口，浓雾笼罩，街灯若隐若现。她走下台阶，戴着黑色蕾丝手套的手避开了被雾气浸湿的铁栏杆。空中的灰云倒映在鹅卵石便道上的水洼里。她跨过一个水坑，钻进马车，此时，细雨开始飘落。她拉下黑色面纱，遮住脸，用一块黑色蕾丝手帕擦干眼泪。把层层叠叠的厚重裙摆提起来，一股脑儿塞进车里后，她敲了敲车顶。一个表情严肃、头戴礼帽的马车夫随即拽紧缰绳，马车嘚嘚地沿着鹅卵石街道奔去。

好啦，同学们，请先阅读以上文本，然后回答以下问题，考试时间为五分钟。

格温多林是谁？

A. 屠夫。

B. 绝地武士。

C. 维多利亚时代的寡妇。

答案是C。祝贺你答对了！你太棒啦！你看出格温多林是一名维多利亚时代的寡妇，可能正要去参加丈夫的葬礼——那个男人在巡视自己的工厂时，吸入了被皮鞋油污染的空气，最终死于霍乱。（格温多林随后会发现他早因赌博而债台高筑，而她终因无力偿还欠款，不得不前往济贫院为她丈夫生前的不道德行为承担代价。这当然与我无关，要怪就怪她丈夫那个无赖。）

20世纪的两次世界大战给我们留下一个满目疮痍的世界，相关文献记录不胜枚举。我们也了解人们如何面对战争带来的死亡——努力克制，保持冷静，勇敢前行。可在那之前呢？在那之前是维多利亚时代，正是它为斯多葛学派奠定了隐忍的基调。

今日的悲伤和哀悼本质上仍是维多利亚女王及其黑色大礼服的延续。维多利亚女王在丈夫阿尔伯特亲王逝世后，仍一丝不苟地身着丧服，直至她本人在四十年后离世。时至今日，女王对悲伤的态度以及整个维多利亚时代在控制和规范这种情绪方面发挥的作用，仍被视为"正常",不同于我们从先辈那里继承的态度。从葬礼到仪式再到悲伤的合理时限——太多与悲伤有关的词语,都来自19世纪。涉及悲伤的种种仪式和社会期望,都是在殖民主义和资本主义时代定下来的。既然我们已经开始分析和解构这个时代的诸多遗物,不妨也调查一下那些已继承却不再适用的死亡和悲伤传统。

与旨在规范个人经验的"五阶段"不同,维多利亚时代对引导整个社会以特定的方式消化悲伤更感兴趣。如果你曾经为悲伤得一塌糊涂而感到羞愧,质疑自己在目睹死亡后的情绪反应是否"正确",或者在悲伤一段时间后,被告知要立刻恢复到高兴的状态,你就会发现所有这些评判的根源都来自19世纪。这些评判现在仍像幽灵一样,困扰着我们。它们又像宿醉,我们对其的执念堪比圣诞节仪式——每到12月,我们就不由分说地把松树拖到屋里,用金银线和彩灯装饰一番。我们的悲痛中依然弥漫着维多利亚时代佛手柑和玫瑰的气息。

"五阶段"企图将一股股纷繁的悲伤情绪用一个蝴蝶结拢住,与之不同的是,维多利亚时代的人们则指望用各种规则和制度来控制悲伤。他们不在乎你正处于什么阶段,只要求你在规定的时间内处理掉自己的情绪。而这也是我们今天依然遵守的规则。想必大多数人都参加过那种葬礼——所有人身着黑衣,气氛安静肃穆,圣歌一首接一首但演唱得不甚动听,维多利亚时代的实业家一定会为此感到骄傲。如果你参加了一场有违所有这些规范的葬礼——人们穿着五颜六色的衣服，播放流行音乐，悼词中有玩笑，你会因这种惊世骇俗之举而不禁战栗。送葬者身着黑衣，保持安静和尊重，最好还能有辆马车——这些仍是现代社会中体面葬礼的标志。我们知道葬礼应该是什么样，我们也期望悲伤循规蹈矩——哀悼要遵循特定的时间表，这与维多利亚时代的人们所遵循的"礼貌悲伤"的时间表有关。我们俱乐部里的很多人都有类似的体验：身边的人去世后，大家允许你悲伤一段时间，可一旦时限到了，就有一种无形但挥之不去的压力催促你走出来，重归活泼开朗，不许你继续悲伤下去。

维多利亚时代的人们并非活在真空中，他们也会对周遭发生的一切做出反应。他们那些关于死亡和悲伤的条条框框，要拜前几十年的混乱所赐。现在，我们只需承认对他们有所亏欠，就可以一举扫除他们那些僵化的想法。我们逐渐接受自己曲折的悲伤之路（把它想象成扭来扭去的沙尘暴，可能有助于你的理解），认识到当前这种混乱的情绪其实是正常的。这本来就不是一个能在固定时间内完成的过程，而是需要每个人亲自去经历。可那些没有这种经历的人依然对"我们应该如何感受"抱有执念——这基于悲伤的人应该如何表现的过时想法。（请注意：不是所有人都能表现得像维多利亚女王一样，这并没有什么错。）外人可能会觉得我们很奇怪："还沉浸在悲伤中？都过去一整年了啊！你……没事儿吧？"要么，就是另一个极端："没有每天都哭啦？挺好，终于熬过来了，真替你高兴。"

知道我们无须为悲伤画上句号，那就别再因为行为"不当"而感到羞耻了。把真相留下，把那个完全属于我们自己的烂摊子留下。接着，大大方方地承认：要让我在一大堆无从控制的情绪面前保持举止优雅，根本办不到，这种企图注定会失败。为什么不能让悲伤以它混乱的真实面目示人？我们到底在害怕什么？

维多利亚时代的人们迷恋死亡，他们对死亡的喜爱不亚于我们对祖父母学习嘻哈舞步的15秒短视频的喜爱。当然，今天的我们很难想象死亡曾经以何种方式出现在他们的生活中。在他们生活的年代，预期寿命都很短，儿童死亡率很高，疾病随处可见，而保持环境卫生的益处才刚刚被发现。相比之下，现代医疗使人类社会实现了长足的进步，我们得以远离最残酷的死亡真相，而这是维多利亚时代的人们做梦也想不到的。他们所经历的死亡往往发生在家里——那些真实、悲惨、直击灵魂深处的时刻让他们对死亡充满恐惧，感到无所适从。

正如维多利亚时期的其他社会事务——从下水道到教育再到科学，人们都努力在混乱中重建秩序，希望通过精心规划的路径重归平静。而这一切都始于葬礼。出于礼仪和控制疾病的需要，人们开始采用全新的方式妥善地埋葬尸体。他们开始对死亡及其相关仪式规范化。也许悲伤也能像尸体一样被控制？干脆再规定一下哀悼卡应该多厚、寡妇应该悲伤多久吧！

一谈到合乎传统的葬礼，我们脑海中就会浮现出一位举止端庄的未亡人和一场肃穆恭敬的仪式，但悲伤并非一直都是这个样子。我们并不总是期望悲伤来得安静和庄重。埋葬和悲伤的过程对维多利亚时代的人们来说很重要，这不仅是出于对死者的尊重，更是出于道德的考量。他们无法将死者和仪式区分开来，即他们无法区分情感与物质。我们自然而然地承担了这些期望，却不明白它们为何如此重要、如此不容更改。

在19世纪末的大规模治理开始以前，也就是维多利亚女王及其标志性的黑色大礼服到来前的几十年，可谓是死亡的混乱时代。维多利亚时代似乎抹去了此前的诸多悲伤传统，我们很难确切地理解以前是如何哀悼和悲伤，原因就在于死亡并不是一个规范的过程。对乔治王朝时代的人而言，盛大的葬礼仪式很重要，但没人想去控制它，更没人要求全国上下采用统一的葬礼仪式。他们更关心如何快速埋葬尸体，大批人因染上疫病而死去。埋葬是在尽可能尊重逝者的前提下把尸体处理掉，同时阻止疾病的传播。普通人的尸体往往只需裹上寿衣，接着由男性亲属抬到教堂墓地（女性被劝说站在远处观看，这样，仪式就不会因为她们的哭泣或晕倒而被迫中断）。

1831年，即维多利亚女王登基六年前，英国暴发了霍乱，导致几万人死亡。与此同时，人口激增，这意味着墓地正被迅速填满。为解决"尸体太多"的问题，官方出台了如下规定：将多个成人的尸体推进同一个洞里，不过它们未被盖好。简言之，这是一场

"健康与安全的噩梦"。接下来,当局又决定修建更多的教堂和墓地来解决"尸体堆积"的问题。这一办法在农村是有效的,可在空间本就匮乏的城市,尸体只能继续堆叠在一起。挖坑不如抬高地面容易,因此一些教堂甚至将底层抬高到窗户的位置,以容纳所有尸体。(读到这里,那些讲述死者从坟墓里爬出来的恐怖电影就都说得通了,是不是?想想看,你唱着《万物有灵且美》并扭头望向彩色玻璃之际,正好看到去世的哈里叔叔从土层中冒出头来。)

一切都混乱不堪。如果你是维多利亚时代的人,也会想要对此整治一番吧?痛失亲人已经够糟了,还有尸体时不时从墓地里"跳出来"?那场景就像薯片从装满零食的橱柜里被挤出来一样。为终结这种混乱,人们开始在远离教堂的地方兴建更为宏大的墓地。它们被设计成供人参观的场所,秩序井然,气氛愉悦宁静,死者可以在这里有尊严地安息。如果你曾到访伦敦的墓地——肯萨尔绿野公墓、诺伍德墓地、阿布尼公园公墓、海格特公墓、布朗普顿公墓、利物浦圣詹姆斯公墓或格拉斯哥大墓地,就不难想象这些伟大的设计曾给人带来多少宁静与慰藉了。如果这方面的治理如此有效,那么人的行为也能被管理得井井有条,不是吗?

维多利亚时代的人对所有可能的领域都进行了管理、立法、整治和改革。那么,寡妇格温多林面临的是什么呢?[1]她必须准备好

---

[1] 白天默哀,晚上打击街头犯罪。她就是英剧《寡妇》中的那个寡妇。

丧服、黑色蕾丝织物、面纱、腰带、马匹、哀悼卡片、哀悼外套、哀悼帽子、哀悼蜡、哀悼花环、哀悼果冻（没错，还有服丧专用的果冻）、臂章、斗篷、棺材、烛台，在我们开始"深度哀悼"[1]时，哀伤但从容地垂下头。要是格温多林指望穿上黑色衣服就算完事，那就大错特错了。[2] 每次，她都得买一套全新的黑色礼服（我是说每参加一场葬礼，都要买一套新礼服——她一生中可要参加好多次葬礼啊）。绉布是指定面料，它真的不好搭衣服（就像那件你再也不会穿的上衣，因为它没法跟牛仔裤搭在一起），这也意味着格温多林拥有了一类特殊的衣装——不能与衣柜中其他任何衣服搭配的悲伤专属礼服。珠宝也只能用煤玉（看起来不太喜庆的一种黑色石头）制成的那类，如果她想戴点别致的东西，可以将死者的头发编织成胸针或项链。男性参加葬礼也要穿全新的黑色西装，打领带，戴手套和帽子，专门的礼仪指南甚至详细描述了黑色丝绸帽带的合适长度和宽度。细节很重要，亲爱的，关注细节！由于存在完成这些仪式的需要和愿望，哀悼用品仓库店如雨后春笋般涌现，它们就像是哥特风格的普利马克（大众时尚品牌，在英国有百家连锁店）。伦敦摄政街的杰伊百货公司是其中最著名的一家，好几层楼的物品保证满足你一切所需。

---

1 《深度哀悼》是《寡妇》的续集。
2 身着黑衣悼念死者并非维多利亚时代的发明。其实，黑色被定为丧服颜色的原因有点奇怪：人们认为只要戴上黑纱，死者就看不见哀悼者了——我想，可能是为了防止那个生前十分无趣的亲属死后显灵吧。

一场"体面"的维多利亚式葬礼,从两位穿着得体的职业送葬人站在你家大门口开始。他们是你花钱雇来的,负责引领送葬队伍。他们手持由绉布包裹的手杖,身穿男士长礼服,头戴高顶帽(这些都是亮粉色的!开玩笑啦,所有服饰都是黑色的)。就连房子的门环也要用绉布包上:成年人的葬礼用黑色的,未成年人的葬礼用白色的。悲伤是公开、显眼、充分表露的。要让每个人都知道你正处于煎熬之中。

死者的穿着同样马虎不得。你在乎所爱之人吗?你想让他们永世都睡在舒适的床上吗?那就准备掏钱吧,一定得买个结实的棺材——由优质木材制成,白色绸缎衬里、床垫、枕头、床单一个都不能少,还要盖上一块精良的黑布,就连钉子、把手都得是镀银的。马匹要用黑色鸵鸟毛装饰,还要给马车夫预备丝巾、手套、黑色帽带和斗篷。中产阶级的葬礼不啻为一场铺张华丽的表演,轻轻松松就能花掉一千多英镑,这还不包括买墓地的费用。

难怪查尔斯·狄更斯去世前专门留下遗嘱,反对举办这种盛大的仪式。他在遗嘱中表示:希望以节俭、低调、完全私人的方式埋葬;不得公开宣布下葬的时间和地点;至多只能雇三辆普通的哀悼车;参加葬礼的人不要戴围巾、斗篷、黑色蝴蝶结、长长的黑色帽带,也不要做出令人反感的其他荒谬行为。他如愿以偿了吗?当然没有,怎么可能呢?他最终被安葬在威斯敏斯特教堂的诗人角。他的坟墓还开放了三天,以便公众瞻仰。他是一位家喻户晓的人物,自然不能按照自己的遗愿被安静地埋葬在家附近的罗切斯特教堂。维多利亚时代的人熟谙葬礼的力量,仪式规格能直接反映逝者的权力和地位(时至今日,很多人依然抱有这种想法)。

这种对正确仪式和统一标准的痴迷,意味着低收入家庭将永远不可能举办一个"像样"的葬礼。就这样,葬礼俱乐部应运而生。每个贫困家庭每周拿出几便士,大家把这笔钱放在一起,等到谁家需要举行葬礼了,就拿出来使用。这笔钱的优先级甚至高于食物费用或租金等,因为如果你最终以穷人的方式被埋葬,那么来世(他们确信有来世)你的灵魂将永生游荡,无法安息。

维多利亚时代的规定延伸到穿着丧服的时间,时间长短因你与死者的关系而异。妻子需要在丈夫去世两年内穿着黑衣。格温多林在十二个月内不得参加社交活动,哀悼的第一阶段是从丈夫去世之日起一年零一天。期满后才能进入哀悼的第二阶段,那时她就可以摘下黑色面纱,也许还能戴上灰色或紫色蕾丝手帕。第二阶段将持续九个月,随后进入为期三个月的半哀悼期。如果格温多林因为经济原因不得不再婚,婚礼后第二天就得继续哀悼;对于第二段婚姻来说,没什么比这更让人扫兴了。("是的,我也爱你,亲爱的。不过,你还记得我第一任丈夫弗雷德吗?哦,他很可爱。看,我还留着他的头发,你想看看吗,亲爱的?亲爱的,快醒醒啊?!")

维多利亚时代的人还为你的亲友设定了哀悼时间表。十岁以上子女哀悼六个月至一年,小于该年龄的子女哀悼三至六个月,婴儿哀悼至少六周，兄弟姐妹哀悼六至八个月，叔叔婶婶哀悼三至六个月，表亲或姻亲哀悼六周至三个月，远房亲戚或朋友哀悼至少三周。看到了吧，规定是如此精确，仿佛悲伤可以按周或月来衡量。现在，我们知道这行不通，希望人们严格遵守这个时间表简直荒谬至极。但我们真的彻底摒弃它了吗？或者只是扩展了条款和条件？

我们仍未摆脱"悲伤只应持续一段时间"的限制——从死亡之日开始，过了一段或长或短的日子，就会有人提醒我们（通过礼貌的微笑或话题转变）是时候止住悲伤了。接着，全社会都要求你别再愁眉苦脸了。尽管这个时限不再被日历严格衡量，但那些非俱乐部会员总会对"一年后的你仍然沉浸在悲伤之中"感到惊讶。于是，他们哄骗你，让你下定决心向那个再也不会话说到一半又流泪的阶段迸发。（"啊，是的，我理解，这太让人难过了……但他这一生也算没遗憾了……你要往前看，如果他还活着，也希望你往前走。"诸如此类。）这些都是维多利亚时代悲伤制度的残余。我们今天批判那些拒绝藏好悲伤的悲伤者，只是因为一百五十年前，有人（很可能是个男人，抱歉这么说）规定并标记了悲伤"应该"持续多久，以及黑色丝绸帽"应该"戴多久——这两者被认为同等重要。

理查德·科尔斯

你隐隐觉得如果不表现得活泼高兴，就是对人不礼貌，是吧？

我觉得，大家对哀悼的人总有点不耐烦，因为哀悼很无聊。这确实无聊，悲伤也无聊。

凯蕾·卢埃林

我想要正常的生活，想要大笑，想要和朋友们逛酒吧。可与此同时，我又非常担心：如果人们知道我在经历这么多死亡后还能坐在酒吧里大笑，会怎么看我？他们肯定会认为我没人情味儿，不在乎别人，冷酷无情，会认为我疯了……

我们能明显感觉到，整个社会都认为我们应该往前看——悲伤过久会令人生厌。流泪开始让我们尴尬无比，我们会匆忙道歉，而不会不顾一切地放任自己崩溃。当我们陷在悲伤里，即便"并未发生什么"，我们也会时不时失控，对此，我们深感羞愧。可如果你在超市看到那个人生前最喜欢喝的酸奶，一时禁不住哭出来，不是再正常不过吗？因为这曾是他的最爱，可现在他不在了，你纠结要不要再买这个牌子的酸奶。这一切难道不是人之常情吗？让眼泪流下来吧，因为……你仍会感到悲伤。因为那个人不在了，永远地离开了你。

我们无法选择何时失控，没法要求自己等到周围没人的时候失控。当整个世界都希望我们在（超市的）食品区平静下来时，我们能允许自己哭个没完吗？如果我们因为一件小事而痛哭流涕，请迁就一下我们吧；有时，导火索可能是一件最微不足道的事情。即使已经过去了几年，忽然有一天，我们没来由地再次被悲伤刺痛，那也没关系。如果我们在病床旁或葬礼上大笑，那并非我们不尊重逝者，而是认为有关死亡的一切都无比荒谬，感到震惊和困惑，抑或是对某人死亡时（或之后）所发生之事表示由衷的喜悦。

一位举止端庄的寡妇和一场肃穆恭敬的仪式，构成了我们对传统葬礼的认知，但悲伤并非一直如此。这其实仍是（就英国历史而言）期待悲伤应该如何表现的一种较新的形式。问题是，这些期望可能会带来各种羞耻感——当你没能像别人期望的那样快速开始新生活时，当你没能表现出应有的悲伤时，当你过早地开始重新享受生活时——所有这些观点都源于悲伤被视为一种不容更改的固定状态，而非一场私人体验。如果我们努力摆脱这一僵化观念的束缚，就能找到自由吗？

悲伤不会乖乖听话。我们没法分阶段或以年为单位规范它，当我们试图寻找正确、符合道德要求或别人预期的处理方式时，我们就看不到自己的悲伤了。我们没了自我，忽视自身的真实感受，只会更难围绕悲伤建立新的生活秩序。

今天的悲伤者完全可以要求拥有一段固定时限的哀悼期；告诉全世界，未来一年你只想自己待着，不被打扰，这多好，是不是？当然，这个"规定"的问题在于它固有的规则；对哀悼期施加限制意味着丧失了灵活性，好像宣称每个人的悲伤都应该一样。想想看这样的规定：从今天起，你可以开始大笑了。这太荒谬了。悲伤可不会这么循规蹈矩。不如直接说出真相：第一年会很艰难，之后，情况会慢慢好转。维多利亚时代倾向于监管、计时和衡量，这或许对彼时的工程师和实业家来说很有效，可悲伤既不是桥梁，也不是铁路。

话虽如此，但我们仍不免怀念维多利亚模式中的一些元素。那个时代将悲伤提升到某种高度——悲伤有专属衣物、词汇和器具，明白悲伤是一个需要空间和象征意义的痛苦过程。我们已经抛弃了那些礼节，不再赋予那些规则以目的。我们收到鲜花，当花朵枯萎时，我们的感受也应随之改变。我们不再像过去那样佩戴黑色臂纱了，别人无从知晓我们正处在悲伤或痛苦之中。我们不会用黑色绉布和痛苦包裹整栋房子，也不会雇用职业送葬人。别人不知道我们失去了谁，也不知道这发生在多久以前。我们保留了维多利亚时代人们的判断力，但抛弃了他们那种宏大的悲痛感、崇敬感和悲伤的各种明确信号——这对今天的我们有用。

我与嘉宾在播客中交谈时，那种想要告诉全世界"我今天感觉很糟"的渴望时常袭来。我们当中的许多人（包括我）有时希望不用直说，别人就能知道我们仍然很悲伤。我们对此进行了大量讨论，以至后来，一位才华横溢的艺术家卡米尔·博齐尼联系我，说她想设计一些徽章，它们的作用等同于你绑在前门上的黑色绉布——让所有人知道你在哀悼。我们合作设计了四个徽章。第一个是亮色的圆形徽章,画着一只手伸向另一只手,配文"请友善点,我在哀悼"。第二个是一个戴着帽子的鬼魂,顶部配文"亡父俱乐部",底部配文"我是俱乐部会员"。第三个也是个鬼魂,帽子上有一朵花,配文"亡母俱乐部——我是俱乐部会员"。最后一个就是个漂亮又简洁的花环,配文"我是俱乐部会员"。后来,我们又设计了"亡故同胞俱乐部"徽章和"亡故伴侣俱乐部"徽章。

设计这些徽章,是为了让那些理解其含义的人主动上前安慰佩戴者:"我也失去了亲人,知道那有多难受。希望今天你能感觉好受点。"徽章每次刚一上新,顷刻间就会售罄。我在全世界为它们打广告。有一位老师一下子买了三十个,她把它们放在一个罐子里,供需要的学生自行取用。一位听众发来邮件,说她那天搭乘开往布莱顿的火车,有位乘客注意到她佩戴的花环徽章,主动跟她搭话。他们谈到了彼此失去的亲人——这一切的起因就是那枚徽章,它让两个悲伤的人敞开了心扉。我们制作配饰的初衷就是,希望那些有需要的人可以通过佩戴它们自豪地向全世界表明:"我很悲伤,但我并不以此为耻,也不会遮遮掩掩。正因为有悲伤,我才成为我自己。"

起初,我对这么多人想要徽章很惊讶,很多人发来邮件催促我们补货。接着我意识到,如果当初我也有一个徽章,那该多好啊。真希望别人更敏锐地意识到,在某些时刻我的脸皮真的很薄。21世纪留给我们的类似维多利亚时代的象征性物品实在太少了。我相信

19世纪的很多寡妇都想处理掉那批堆积如山的哀悼专用裙装，但同时，我也相信有些寡妇会从以下事实中获得些许安慰：在那个时刻，她们唯一要做的就是沉浸在悲伤之中。当格温多林身着一袭黑衣度过余生时，商店里的售货员可能会更加关注她，看着她的眼睛，冲她微笑，朋友也会在分开时用力握握她的手，因为他们都知道这个人正沉浸在悲伤之中。

每个购买徽章的人都有同样的诉求——在无须大声疾呼的情况下，悲伤被世人认可。当我读到这些留言，并且不断回想起关于人际联系的这些奇异故事时，我意识到徽章不仅是一件商品，而且是"俱乐部"强有力的象征，以及"你并不孤单"的一个有形载体。

逝者留给我们的仅剩悲伤了，它就是一切的证明——我们曾经多么爱那个人，如何与那个人并肩斗争，我们受过哪些伤害，我们仍然拥有什么爱。我们的悲伤应该在社会中占有一席之地，我们应该留给它一个不病态、不可怕、不受控制的空间，用现代的方式体现维多利亚时代的常识——悲伤需要时间才能消化。参加我节目的许多嘉宾都谈到，当别人不知道他们的真实感受、不知道他们正因亲人离世而悲伤时，他们感到沮丧和愤怒。

西蒙·托马斯

电视节目主持人、作家。西蒙的妻子杰玛于2017年因白血病离世。

我清楚地记得，当我走进麦当劳时，一切如常的生活迎面扑来：孩子们围着那些该死的iPad嬉戏争吵，薯条炸锅噼啪作响，一切都是周五晚上该有的样子。但对我来说，这是彻头彻尾的冒犯。我深受伤害，因为我当时正处于平生最混乱、最支离破碎、最可怕的境地，可其他人都在这家快餐店照常过周五的夜晚，我几乎要大喊大叫，马上就要脱口而出："你们这帮人是不是有病？"

人在悲伤中很容易感到孤独。有关大脑的研究表明，人在情绪低落与感到悲伤时，脑部发亮的区域相同。换言之，悲伤确实从生理上把你与别人隔离开来，你会真实地感到没人理解你，无人知晓你正在经历的一切。这正是情绪传达给你的信息，并且在某种程度上是对的。的确没有人真正理解你的悲伤，它是独一无二的，只属于你和你失去的那个人；你和那个人的关系是独一无二的，你的悲伤自然也是与众不同的。

人们似乎只注意到维多利亚时代悲伤礼仪的荒谬，但那些规则、制度和控制所做的就是不断强调死亡的重要性。今天，我们认识到如果全社会都为悲伤留出空间，那对大家都好；想想看，当有人问你最近怎么样时，你能够坦然地说："哦，我的亲人刚去世，我很悲伤。"从某些角度来说，我又很难过，因为我没有黑纱，前门上也没系黑色蝴蝶结，没有一个公开遵守的哀悼期，不再给予悲伤应有的尊重。我想让人们知道："他走了，他已经不在了。可我还在,好好地站在这里,我的悲伤也在,它是我的一部分。"当看到别人也很悲伤时,我想主动跟他们说:"我也是,你正在经历的事情我都经历过,那些最糟糕的时刻我也挺过来了。你可以跟我说那个人的名字,也可以哭,可以悲伤——我就在这里,听你说。我知道有一个俱乐部,我就是成员之一,为此我很骄傲。"

让我们抛弃内疚、羞耻、哀悼期和僵化的规则吧,仅保留对死亡和悲伤的珍重。大大方方地告诉世人:我们认识他,爱他,但现在他去世了。今天是忌日、生日,或者只是我想他了。当我们给自己留出悲伤的空间时,就能摆脱"错误"或"不恰当"的羞耻感,比起维多利亚时代的人我们可以给予自己更多的同情——没有所谓的"悲伤"截止日期,你想悲伤多久,就悲伤多久。

跳下马车吧,去寻找那些对今天的我们真正有用的东西。不要再掩饰自己的悲伤了。别听那些人说:"停,别郁郁寡欢了,是时候向前看了。"如果格温多林想在葬礼后第二天就笑脸迎人,或者把头发染成金色,然后搬到巴黎去住,那就这么干吧。悲伤会以意想不到的方式降临我们的生活,越早停止对它的期望,转而倾听它要求我们怎么做,我们就越容易接受它。

转啊转，一圈又一圈

安慰：溏心蛋，躺在地板上，盯着洗衣机。（2000 年 10 月 18 日写在我从塞尔弗里奇小姐[1]买的日记本中。）

我猜现在是晚上，天已经黑了，但也可能是冬天的缘故。我在母亲的厨房里，或者应该说我的厨房（我几乎总待在那儿）。她还没把厨房改造好——她总说要把那堵墙推倒；终于，几年后，她完成了这项工程。我觉得那不再是我们的房子，而变成了她的房子。

自从我们 1989 年搬进来后，除了地板，她什么都没改动。米色亚麻油毡的白色轮廓凸显瓷砖的存在，试图模仿高雅的棕色大理石，但效果不太好。她还买了一块廉价的边料，可是尺寸跟地板面积不符，结果多出一块。后来，这部分起皱、开裂，形成一条贯穿地板的裂痕。

当时，母亲和我都不怎么吃东西。我什么都不想吃，就好像我的胃只能消化悲伤，食物变成了它无法承受的负担。唯一的例外是

---

1 英国时尚品牌。

亨氏奶油番茄汤。晚上，我们俩会分食一罐红艳艳的汤汁，再把一张烤百吉饼一切为二。我在我的那一半里加点火腿，母亲是素食主义者，所以她只加奶酪和不含乳制品的酱（尽管家里其实没人对乳制品过敏）。"这么吃倒还能接受。"我边吃边想。我一度瘦到89斤；当时，我纯粹出于好奇才站到秤上，这才知道自己的真实体重。但自己反正也不像个人了，这么轻也正常。我没有厌食症，但我意识到自己正接近危险的边缘——不吃东西时，我感觉很平静；情绪而非食物，将我填满。我感到自己正在从饥饿中寻找答案，而不是勇敢地面对痛苦。

外面很黑。我在厨房里，汤没有了，于是我就在蛋锅里煮了个鸡蛋。（只有当你搬出与父母同住的房子并到了要用它的时候，才认识到这样一个蛋锅的价值。）我母亲的锅底印着20世纪70年代复古的棕色和黄色花朵图案，内壁原本是黑色的，但煮了那么多鸡蛋后，内壁几乎变成了白色。我把水倒进锅里，开始煮蛋。忽然，我意识到洗衣机开着，它正在做我最喜欢的事情：一圈圈地旋转。我用冷水冲了鸡蛋，剥去脆弱的外壳和外皮，然后滑坐到地板上。我躺在地板上，边吃鸡蛋，边看衣服在洗衣机里一圈又一圈地转着……好久没这么开心了。

当时我不知道自己为什么会开心，但现在我知道了，因为我不需要思考。那段时间我的大脑一直在运转，当时是它第一次暂停思考。洗衣机比肥皂剧更好，因为它不要求我认同、投入，也不会令我不安；它就是个玻璃圈，不断地运动、旋转、清洗，并且在我承受这么多难耐的痛苦时，仍做着有用的事——把衣服洗干净。

"看在上帝的分上，让我们席地而坐，讲些关于国王离去的悲惨故事。"[1]

我敢肯定他在讲这些故事时没吃煮鸡蛋，如果他这样做了，可能感觉会更好。

---

1 威廉·莎士比亚，《理查二世》第三幕第二场。

十七岁

我开始参加周末自助课程时，已经十七岁了。我们家非常看重这类课程，我父母尤其喜欢自助研讨会。过去，我们经常全家人一起出席。有一次，他们加入了一个自助治疗小组，这个组织非常可疑，后来甚至被《每日邮报》定性为邪教组织。他们喜欢和那些在洛杉矶受过专业训练的人交谈，一步步解决问题，翻来覆去地讨论。我自小在这样的环境中长大，也习惯了说话、分析和自责，即便在悲伤的问题上也不例外。我条件反射般地想："我能做什么？我该怎么解决这个问题？"

我母亲参加了一个名为"洞察力"的周末自助课程。这次，我也决定参加，它看起来也许有点作用（化解悲伤、帮我点什么）。

举办地点位于樱草山的一个大会议室，时间是两个工作日晚上和一个完整的周末。环顾四周，尽是些迷惘的人，他们看上去可爱而善良，但都是一副失魂落魄的神情。他们大都更年长，都在为生活中的一切错误和不幸寻找答案。唯一比我小的是一个十六岁的女孩，她看起来很痛苦，生活真是给了她沉重的一击。大家都惊讶地看着我和这个女孩。他们很可能在想，"她们多幸运啊，年纪轻轻就已经在寻找答案了。这将彻底改变她们今后的人生！"但我们都是受伤的人——她身上布满了自残的伤痕，我从心底憎恨我自己。我猜他们想说的是：你们虽然受了伤，但仍可拥有美好的未来。

我们谈论与爱、喜悦、成功、金钱、恐惧、拒绝和希望有关的情绪，谈论它们的含义。会议的组织者曾患有癌症，但现在她已康复。她一直想要一辆红色跑车，她想了想，现在她有了。这听起来很傻，是吧？但这并未发生在这个房间里，而是发生在一个充满希望的空间内。这让我想起了父亲。他总是满怀希望。他身上的那股能量好像要去某个地方——我不知道是哪，但肯定是个有趣的地方。

我并没有敞开心扉和大家谈论我的悲伤。我只说"我父亲去世了"，然后就转移话题，开始谈论美好的希望。我们现在该怎么办？现在，我们都清楚自己是谁了。

星期一，我返回学校，把这个消息告诉了我最好的朋友："我全好了！我找到答案了！"

"你看起来的确好多了。"她说。

"没错，都过去了！"我想。

终于，我不再老想着他去世的事了，我没事了，解脱了。都过去了，悲伤终于结束了。现在，我可以放松一下，好好生活了。我欣喜若狂。都结束了。

我为你点了一支蜡烛

我在波兰点了一支蜡烛,

在维也纳,

在捷克共和国,

在巴西,

在罗马,

在威尼斯,

在维罗纳(天主教国家有很多选择)。

我在印度的一个神庙点了一支蜡烛,

我在巴黎的大教堂又点燃一支,

在挪威的一座普通教堂里,

在瑞典的一个小教堂里,

在伦敦,在我们为你举行葬礼的教堂里,

在撒克逊墓地和罗马神庙,

在克里斯托弗·雷恩(英国皇家学会会长、天文学家和著名建筑师)于伦敦城各处修建的哥特式建筑中,我点燃了它们。

在西班牙，

在利物浦，

在匈牙利，

在突尼斯，

在纽约，我点燃了它们，那些白色的小蜡烛。

我付了20便士、50便士、1欧元、1美元、1迪拉姆，我献出我所有的硬币，然后用别人的蜡烛（充满了别人的回忆）点燃了我这一支蜡烛。

我把它紧紧地塞进托架，这样，你就不敢动了。

我为你点燃了它们，我想说："你来过这里。你来过这里啊！"

蜡烛最终都熄灭了，但它们在这里燃烧过，我知道，因为是我点燃了它们。

第三章

今天我们如何应对悲伤

　　时至今日，我们在应对悲伤时有所进步吗？悲伤如何融入数字世界？它是否已被以下现实改变：互联网无所不在；捕捉和记录一个人的音容笑貌，有成千上万种方式；即便人已经去世，社交媒体账号也存续？死亡喷子横行，脸书（Facebook）纪念馆问世，坎耶·维斯特将金·卡戴珊的已故父亲制作成全息图送给她作为礼物——在这样一个时代，为一个人悲伤意味着什么？[1]

　　通过《悲伤播客》，我意识到悲伤新世界的存在。数字哀悼者（这是我对他们的称呼）会大大方方地向我展示他们的手机屏幕——已故亲人的照片，这对他们而言再平常不过了。而我是一个有形世界的悲伤者。我父亲于1998年去世，彼时，互联网尚未成

1　如果你不知道我在说什么，那就去找来看看，因为它实在太诡异了，无法用语言描述。

为我们生活的一部分，谷歌还要五个月才建好，距离脸书诞生还有六年，距离优兔（YouTube）出现还有七年。我们今天生活的这个世界，对父亲而言，不啻为一个连做梦都想不到的新世界。

按照官方的说法，我算是"千禧一代"。但出生在 20 世纪 80 年代初，意味着我一只脚留在拨号上网的嘈杂、笨拙世界，另一只脚则迈入了元宇宙。我还记得社交媒体出现以前的生活，记得初次听闻无线互联网这一概念时受到的身心震动（拿着笔记本电脑在家里走来走去，喊着"这里也有网"）。我是 20 世纪的遗物，我出生那会儿是家用录像系统、磁带和手写信的时代。我的悲伤无法储存在数字世界里。对我来说，只有那些记忆和有形的物品才能让我感知父亲的存在，比如度假时他给我买的一个玻璃蘑菇、我坐在他肩上的拍立得相片、一张写着"让我们讨论一下这个吧！爱你的父亲"的座机账单。我的悲伤是老式、机械、过时的。如果在谷歌搜索框里输入父亲的名字，不会跳出任何信息。

我在写这章的时候又搜索了一次，万一呢，我不禁想……也许他就在这里，在我们现在生活的这个世界……但他不在。他的生活和我的悲伤都存储在有形的世界里。我所有的数字文件都是从模拟原件那儿转移过来的，右上角的红色日期戳仍清晰可见。他的家不在数字世界里。我没法查看他的短信或接收语音邮件。他的声音好像外语，他那儿记录事情的方式与我们不同。

直到开始与数字哀悼者交谈，我才发现自己的存储模式简直老掉牙了。他们向我描述了储存记忆的各种方式。我这才意识到，自从父亲去世以来，世界早已改变。现在，我们能将对逝者的记忆储存在很多地方。数字哀悼者无须将逝者的每个生活瞬间都牢记于心，他们需要的只是备份驱动器，或一部带32GB内存的手机。他们在这些可以随身携带的小型设备中保存了信息、电子邮件、语音笔记、照片、视频、社交媒体档案和网站，还在互联网上存储与逝者有关的海量生活记忆。他们还能在专门的网站或应用程序上分享走出悲伤的心路历程，记录每个阶段的情况，朋友们都可以关注；或者逝者本人在生前可能也写博客、录制播客，记录自己走向生命终点的感受。瞧，有这么多存储记忆的备选方案，你可以放心了吧。

数字哀悼者拥有丰富的存储方式，这令我困惑。我感觉自己就像一位老奶奶，看着一辆花里胡哨的汽车飞驰而过，赶紧抓牢自己的草帽，对着车尾卷起的尘土喊道："哦，天哪，它跑得比马还快！"是的，数字哀悼者什么都有了；只要他们想，就能随时随地"访问"离去的亲人。我真嫉妒他们！拨通手机号，就能听到逝者的语音留言；访问照片墙（Instagram）主页，就能看到他们还"活着"。这一切对我来说就像魔法，我做梦才能拥有这种数字悲伤。

我没有任何类似的数字片段，可以用来拼凑还原父亲。我有什么呢？在母亲家那个阁楼的深处，有一个褪色、落满尘土的纸箱，里面有我哥哥十八岁生日时的录像带。如果我想再看父亲，就得爬上梯子，钻进阁楼（看见蜘蛛也得忍住别叫），然后找到那盒录像带，接着，上网买个播放器，插上电源，最后把带子放进去。我会看到一段有关卡丁车场的摇摇晃晃的录像，它是用20世纪90年代的摄像机拍摄的——百个蓝色和红色的轮胎堆在一起，让这里看起来不那么像北环路附近的改装仓库。哥哥当时刚成年，他和他的朋友们都穿着绿色的连衫裤工作服——自我感觉就像一级方程式赛车手，而不是一帮半大小子。我时不时出现在镜头里。那年我十四岁，头发刚梳过，看起来很蓬松——还没人告诉过我卷发不能这么打理。镜头里的我在微笑，和这些小大人一样的大男孩在一起，我兴奋坏了。接下来，镜头转向赛道上的卡丁车比赛；男孩们喝着啤酒，大喊大叫，虽然他们表面故作轻松，但显然都对这次跳出沉闷的伦敦郊区生活兴奋不已。接着，父亲出现在远景中，他头发乌黑，发际线已经开始后移。他没看镜头，而是望着赛道，看起来有点严肃。他脸带笑意，正专心看着比赛。有时，他也会和男孩们一较高下，并且绝不留情。最后，他们举行了颁奖仪式，宣读获胜者的成绩，父亲得了冠军。他站在小领奖台上第一名的位置，旁边站着我哥哥——他得了第二名。一个从十八岁就开始开车的男人，决定在儿子生日这一天打败他。[1] 父亲获得的奖品是一瓶廉价的香槟，他摇着香槟瓶，酒喷得到处都是。大家笑作一团，用我不太懂的语

---

[1] 可见我家的人好胜心有多强了吧，另外，我也不准再玩儿"大富翁"了。

言开着玩笑。我们的朋友在场时，父亲经常让我们很尴尬，他坚信父母的职责（要我说，这简直就是他的人生目标）就是让孩子们难堪。哥哥和我没法一笑而过。每次他这么做，真是让我们无地自容。但那天是个例外，他表现不错，没整什么幺蛾子。他看起来挺放松的。我猜，当时他心里的那个大男孩应该也感到很惬意吧。

我知道这就是我将看到的，因为最后我也确实爬上阁楼，找到了那盒录像带。后来，我做了数字转换，免去了烦琐的阁楼之旅。打开电脑，父亲就出现在屏幕上，甚至都不需要再连一根延长线——他肯定会对此感到无比惊讶。二十年过去了，我看着视频，意识到我不光记得拍摄那天的情形，而且一直都还记得这段视频的存在。就在他去世后不久，也就是我十几岁的时候，我就看过了。当时，我看到它就在电视机旁，恍惚间，我已经把它放进播放机并按下了播放键。他出现在屏幕上的那一刻，我意识到他再也不可能出现在现实世界里了，我感到痛苦，心如刀绞，这太残忍了。大概一年后，我在清理《红矮星号》和《黑爵士》的视频时，又看了一遍，因为我当时看到那熟悉的字体——他在录像带的白色标签上写的铅笔字。在那之后，我就把录像带收起来了，我不想在不经意间再度看见它。可事实证明，那一切早已烙印在记忆深处，只要我想，就能在脑海中回放。视频的每个细节都融入我的意识之中——如果我想再看到那个活着的他，就只能如此。我只剩这段记忆了：那里有他和我，没有悲伤。

起初，我很嫉妒数字哀悼者。特别是当我把自己用来承载记忆的剪贴簿与他们的记忆相比时，本就悲伤的我更是被推向了愤怒的极限，因为他们拥有的比我多得多——更多的时间、关爱、希望、运气。一句话概括，他们拥有更多对逝者的记忆。但当这种感觉逐渐减退后，我才明白自己最真实的感受还是悲伤，以及记忆无法数字化的失落感。

我最为父亲感到遗憾的一点是，他从未真正体验过数字时代——他肯定会爱死这个时代。他痴迷于与人沟通，甚至在家里搭建了一个内联网（算得上MSN原型），以便他、哥哥和我互相发信息。（可我们仍喜欢用老办法——喊叫，"茶好啦"，要是对方没听见，我们还会生气。）他把一个寻呼机、一部车载电话、一个掌上电脑，还有一些奇怪的六边形磁铁粘在一块白板上——就是那种用来实施头脑风暴的白板（我之所以记得这么清楚，是因为有一天晚上他把我叫醒，给我展示他的成果，就好像要我和他一起制定战略——可我只是一个穿着泰迪熊睡衣、昏昏欲睡的十岁孩子啊）。如果他能看到社交软件，很可能会兴奋得晕过去。如果他能活过2000年，他肯定也会像个白痴一样排队购买新上市的苹果手机，他还会有自己的照片墙和推特账户，他也会真心认为领英是个有趣的地方。

但他没能活到千禧年，所以我只能用笨拙的方式记忆过往生活的点滴。我得使劲儿想象他穿着"世界跑步者"套头衫开心地笑着，彼时我就坐在他的肩膀上。因为捕捉到这个瞬间的拍立得相片已经严重褪色，所以我只好把它从我的布告板上取下来。我不忍心看到它一点点变皱、消失，一切有形的实体都难逃此命运。我不想再一次失去他，再一次悲伤。有时，我会发现一张他用来给我留言的电话账单，我就那么盯着它。我想起我们过去常常讨论家庭事务，倒也没什么特别的，比如我是他的女儿啦，我打太多电话啦，诸如此类。你可能会说这有什么大不了的，但有时我想，正是由于这很平常，因此比数字时代赋予的任何东西都更直击心灵。

我相信，正是因为我的悲伤植根于一个凌乱的模拟世界，所以我很少有机会看到那些让我想起他的事物，也就不会常被刺伤。如果我想找到他，重新揭开伤口，得费点时间和精力，更别提那些灰尘了。我写下这些，也是为了让与我处境一样的朋友放宽心：这种困境并非没有好处。虽然那些记忆年代久远，但效力丝毫不会减损——记忆不必非得高清、虚拟才珍贵。你珍视的物品和关于逝者的所有记忆，都值得被爱、被欣赏。我们有时称之为"悲伤中的过渡物品"，它们会在我们消化悲伤的过程中变得越来越重要。在某种程度上，逝者就蕴含在这些物品里，就像小孩子时刻需要一条毯子提醒自己是安全的。微小的物品也可以承载爱、童年以及那个人离世前的一段美好时光。我有一个玻璃蘑菇，它是小时候父亲送给我的——蓝绿色玻璃上有个彩虹般的漩涡，就像浮油一样。不知道是在土耳其还是马耳他买的。我记得那是一次一日游，我走出酒店，走进那家商店，在琳琅满目的货架上一眼就看到了它，心想"这是我见过的最美丽的东西了"。我告诉了父亲，他要给我买。他难得这么认真地听我说话，接着，就为我买下了它。我简直开心极了，我拥有了世界上最美丽的东西！今天，它还摆在我的桌子上，提醒着我：我有一个父亲，他很爱我。悲伤久了，我渐渐意识到，很多记忆的存在，是为了让你时刻记得你被爱着并且爱着别人，只是这些情感的表达方式可能很复杂。与父亲有关的物品差不多可以放满一个纸箱，它刚好装下二十年来我对他的思念。东西虽然不多，但说实话，足够了。

理查德·科尔斯

让你恐惧和担心的是，记忆会渐渐消失不见，你会忘记他们的声音、走路的方式……大卫喜欢科隆香水，买了很多，都可以开一家免税店了。在他去世后，我总是翻到一瓶又一瓶的香水。现在，我索性把它们放在浴室的架子上。临睡前，我会喷点，辛辣味扑面而来，之后逐渐淡去，这能让我好过些。

起初我只看到，数字哀悼者享受源源不断的记忆储备。但与他们交谈后，我认识到了自己的天真——难道记忆越多就越好吗？那些语音留言、电子邮件、个人资料页面，都无法治愈悲伤。那个人去世的事实并未改变，可悲伤仍伴随点赞、短视频和超高速宽带存在着。随着与现代悲伤者交谈的深入,我开始理解这个新世界复杂的一面。一个大活人要想玩转社交媒体已经够难了,更何况还在为亲人哀悼呢。

尼克什·舒克拉

作家。2010 年,尼克什三十岁时,母亲去世了。

一夜之间,母亲的脸书变成了人们留言的圣地。他们不知道发生了什么,甚至不知道她得了癌症,因为已经过去两周了。在她去世后第二天,我和妹妹不得不绞尽脑汁让数字世界里的她消失,这可真难办。最后,我们只好设法关闭她的脸书账户,因为实在无力应对这一切。奔涌而来的所有情绪令我们难以招架,即便如此,我们还得在第二天给很多人打电话,可我们真的还没做好准备。

埃沙恩·阿克巴

脱口秀演员、播客主。埃沙恩的母亲在他开启喜剧生涯之前就去世了。

我清楚地知道,我内心深处仍不愿接受母亲已经走了。我做脱口秀演员一年后就签约了,有过一些很棒的演出和机会,我都不敢相信自己能做这些事。我当时听到消息后,立刻拿起手机,想给母亲打电话——她仍是我的常用联系人之一。当时那种下意识的反应意味着,有些东西我还没完全处理好。

"死亡技术"是指对死亡和悲伤的技术控制。该词最早是由死亡学家卡拉·索夫卡博士在20世纪90年代初创造的。她的研究课题是互联网如何帮助我们以一种新的方式体验悲伤。进入21世纪后,物质世界和数字世界开始争夺优先权。互联网不再是我们偶尔访问的地方,而是融入了我们的日常生活。一个人去世,意味着他同时在现实世界和数字世界中消失不见。

记者兼作家黛博拉·奥尔于2019年10月去世。此后不久,推特删除了她的账户和所有内容。她在平台上发布的评论被删除,就连她和朋友之间的联络——多年的往来邮件、有趣的信息等也被删除。简言之,在数字世界结交友谊的所有记录被抹去,从此她在现实世界和网络空间彻底消失了。我曾如饥似渴地读过作家、学者一类名人的信件,这种偷偷潜入他人思想的活动给我带来了很多乐趣。在我看来,这些信件躲过火灾或被丢入垃圾桶的命运而幸存下来,可称得上奇迹了。但保存工作通常由作者的相识完成。进入数字世界后,我才意识到真正为我们所拥有的内容实质上少得可怜。记忆已经变成平台的财产,如果平台想删除它们,那我们基本上什么都做不了。那么,我们将如何缅怀数字时代的伟大作家和传播者?难道博物馆展览能直接把他们的推特密码给我们,让我们登录进去随便看吗?

我们的生活越是数字化,我们耗在这些平台上的时间就越长,以至于最后,我们要在这里哀悼逝者。如果哪位名人去世,推特标签很快就会被追加——今天，我们大都通过这种方式得知某人去世。还有一种更可怕的情况：你看到有人上了侧边栏的热搜，便疯狂点击，只是为了确保他们其实没死。想想看，人们若是从社交媒体上得知亲人死亡，该有多么震惊和痛苦啊！对此，索夫卡博士举了以下实例进行说明：美国四名高中生在一场车祸中丧生，其中一名学生的母亲在什么都不知道的情况下赶到医院急诊室，只见孩子的老师迎了出来。原来，社交媒体已经报道了这场车祸，死者的同学知道谁在车里、谁没有回短信。随后，死者的名字在社交媒体上传开，大家都知道遭此横祸的人是谁，所以老师在孩子母亲尚未了解情况之际就赶到了医院。

至于以这种方式获知死讯是减轻还是加重亲人的痛苦，我们很难量化。但这种方式无疑能快速传达那些难以开口的悲惨消息。数字世界的悲伤才刚出现，我们都不太习惯，仍在学习如何去适应，而在这个过程中，犯错是不可避免的。

互联网的一个恐怖之处就是网络喷子——这种形式的霸凌可能演化至恶劣的程度，有的人甚至在遭受网络攻击后自杀。其中，最可怕的一种因素是"死亡喷子"，他们拿逝者开玩笑，嘲笑逝者，发表可怕的言论。脸书的纪念页面可能会被这些死亡喷子"接管"，他们嘲笑死者的外表，标签上充斥着丑化其死亡方式的表情包，就连其他人在网上分享的悲伤也不能幸免。2011年，英国一个网络喷子制作惨死青少年的表情包和优兔视频，结果被判刑。

这种网络行为的增加，最终导致大型社交媒体公司改变关于死亡和丧亲的政策——谁会想到有一天这些政策竟会与悲伤产生交集呢？2012年发生的一起特殊事件，促使脸书对其指南做出重大修改。在此之前，该平台允许任何人通过发布讣告锁定账户和纪念。事件经过如下：一名十五岁的女孩在德国被火车撞倒身亡，她的母亲想要登录女儿的账户，可因为有人已经锁定她的账户而未能成功。于是，这位母亲诉诸法庭，担心女儿在事发前受到了欺凌，想看看女儿去世前谁给她发了短信。该母亲一审胜诉，但上诉法院驳回了该判决，裁定私人数据权优先于父母的权利。女孩的父母再次上诉，二审判决又被推翻，理由仅仅是女孩与脸书之间的合同在她去世时就终止了。我想，在她十几岁创建账户时，父母肯定没有预见到会出现这种复杂的情况。

正是类似的情况迫使我们正视数字世界的本质，它的的确确是个世界。两位参加我播客的嘉宾都谈到，自己通过脸书得知父母去世，当时他们与家人都不怎么联系了，其中一人与父亲的关系疏远，另一人从小被收养，刚刚得知自己的生母是谁。二人都从一个用来了解朋友最新动态的平台得知父母去世，并对此感到震惊，这消息来得猝不及防。脸书不该承担医院候诊室的职责，但它已然如此，还不止于此。它变成了一个大市场，所有相识、相交的人在那里交换或无聊或重要的信息。

脸书关于死亡和悲伤的另一项政策变更是，用户可以指定某人为"遗产联系人",该人负责监管逝者的主页。遗产联系人可以选择将逝者的主页变为纪念页,以便逝者的相识分享过往经历和照片;他们也可以选择维持原样,就像用户还活着一样,人们可以继续与用户互动,甚至请求添加用户为好友。如果用户真想指定某人担此重任,可能也会告诉当事人这一决定。如此一来,社交媒体公开承认其在我们生活中扮演的角色,这引发了意想不到的后果,即迫使我们思考自己去世后会发生什么。启动一场关于遗产联系人的讨论,可能引发另一场关于遗嘱或葬礼的更大规模的讨论。只要允许这种想法进入我们的数字心灵,我们就会不由自主地开始思考自身的"数字遗骸",这个词语的创造者也是死亡学家索夫卡博士。

不知道有多少人已经签订了遗产联系人服务合同,甚至不知道有多少人了解这项服务。此时此地,如果我们尚且无法谈论自己的葬礼计划或临终关怀等事宜,我们真的准备好处理数字世界的身后事吗?数据专家维克托·迈尔-舍恩伯格教授提醒:"我们不知不觉就积攒了大量数字记忆,而又总是懒得去删除它。当记忆变得廉价和容易时,忘记却变得昂贵和困难了。"对许多数字哀悼者来说,这可不是个假设性问题,他们如今不得不在这个新奇的世界及其带来的各种复杂局面中寻找出路。

在数字时代,丧亲者确实受益匪浅,有一个庞大的在线社区帮助数字哀悼者渡过难关。自我 2016 年创建《悲伤播客》以来,社交媒体上涌现了大量帮助人们走出悲伤阴霾的账号。它们大都提供色彩鲜艳的图片、易于阅读和理解的幻灯片，教你如何与他人谈论自己的悲伤，如何应对各种节日，如何处理隔离期的悲伤。有些账号只是简单地分享相关的故事、图片、表情包和涂鸦。你只需关注"悲伤"、"悲伤之旅"、"悲伤与失落"和"悲伤糟透了"等标签，就能发现这类账户。每个月，我都能看到新增大量设计精良的账户，它们的信息图透露着巧思。这群人不怕谈论自己的真实感受和恐惧，数字哀悼者可以自由出入这个世界。我采访过一名 Z 世代哀悼者，她说一生都在上网，所以很清楚什么时候应该离开，包括离开数字悲伤社区，这对她来说易如反掌。当然，这里还存在一种危险，即将巨大而复杂的痛苦状态浓缩成一张张易于理解的幻灯片和图示。要知道，悲伤可不是一项内容，而是一段过程，并非单纯依靠粗体字和撞色设计就能解决。

但数字化的确拥有治愈的力量——它可以让你去世界上的任何地方参加葬礼，在纪念馆发表讲话，甚至和弥留的亲人告别。这在新冠疫情肆虐的几年都得到了验证。如若没有这些技术，许多人可能会错过亲人的遗言，给本就痛苦难耐的局面再添创伤。2021 年，英国教会开展了一项在线调查，结果表明过去一年 70% 的人无法到现场参加葬礼，40% 的人通过直播的方式观看了葬礼仪式。2020 年 12 月，一条有关美国重症监护室准备 iPad 的推特帖子在网上疯传：一排屏幕被架高，以便患者进行最后的"数字化"告别。这无疑是数字时代令人震惊的悲伤缩影，同时展示了技术赋予我们的力量——新冠疫情到来前，没人预测技术有朝一日竟会派上这个用场。现在，我们只需登录视频会议软件，就能观看葬礼仪式，甚至死亡的整个过程。我们可以把遗言提前录好，以便子女以后观看；也可以轻松记录死亡或一段美好时光。而过去，这些记忆终将随着衰老而消逝。

埃米莉·迪恩

作家、播音员。埃米莉的姐姐雷切尔和父母在三年内相继去世。

雷切尔不得不在医院里过圣诞节，我当时预感结局不会太好。所以在圣诞节当天，我们就把她的女儿们接过来了。我还想要拍一段视频，因为当时她最小的孩子只有十一个月大。幸好我当时这么做了。姐姐当时穿着医院的防护衣，看上去有点可怕，父母也都在……姐姐去世后没多久，他们也都去世了。好在孩子们现在还保管着这盒录像带。

不久前，我对已经十五岁的外甥女米米说："我拍过一段你妈妈和你们姐妹俩在医院的视频，我一直犹豫要不要给你看，我怕你不想看……这可能会让你不舒服。"

可她看着我说："我很想看看。"

每当想起埃米莉捕捉那一刻的勇气，我仍深受感动——她在那种情况下依然思维清晰，透过疾病看到了未来。有时候，数字世界带来的治愈确实比伤害多。今天的年轻人比我拥有更多的时间和物品来怀念逝者，对此我深感高兴和欣慰，不过我仅有的一点记忆对我而言也同样珍贵。孩子们可以不断按下播放键，观看很多段影像，他们可以一直看，一次次回放那个画面。他们会问："我跟这个人长得像吗？""这个人是谁？"他们的未来充满了希望。

2020年，跟我关系很近的一位朋友突然去世。我在翻阅收件箱时，忽然发现我们俩最后的通信，看着这些邮件，我忍不住崩溃了。我重读了一遍邮件，回忆着当时的对话，看着她的那些话语，又不禁笑起来。我们当时根本不知道未来会发生什么，真是天真透顶。接着，我仍把它们留在收件箱里，当作最珍贵的信件。我以前从未遇到这种情况，可我知道不能把它们归档，至少现在还不能，也许，我还可以给她发邮件打个招呼？当我不小心在电脑上看到她的名字时，我很难过，但同时感到一丝暖意，因为曾经与这样一个美好的人相识。我很欣慰电脑里和厨房里留着与她相交的记忆——她送给我的威尔士爱勺[1]就放在厨房的一个装满笔的杯子里。我时不时看到这两个世界里的她，想起这个美好的人曾经出现在我的生命里。

---

[1] 威尔士的文化遗产，整个勺子由一根木头雕刻，其独特之处在于勺柄部位的各种奇妙造型和装饰。

尼克什·舒克拉

有一天，我在翻找母亲的东西时，发现了她写的一份购物清单，它就是那种很常见的购物清单，上面有维他麦、糖、意大利面什么的。再次看到她的笔迹，我深受震动，她说的不过就是大采购这类很普通的事……有一天我想："我要去把这些东西买回来。"就这样，我按照母亲的购物清单买了所有东西。

接着，我想起结婚那天收到的一本食谱：我婆婆让我们两家的每个人都写下一个食谱，最后整理成一本家庭食谱送给我们，里面就有我母亲贡献的两个食谱。我想，好吧，就拿这些食材做做看，做点古吉拉特家常菜吧。结果，差点把房子给烧了。可就在烟雾缭绕、火灾警报大作的那一刻，我的厨房闻起来就像母亲的厨房一样；那一瞬间，我感觉像是到了另一个地方。

现代哀悼的本质并未改变——仍是哀悼，尽管科技提供了大量曾经做梦也想不到的怀念方式，但事实上数字悲伤也是悲伤。数字世界所能提供的只是另一个寄托哀思的地方。不管你抓着不放的是一张纸，还是无数条推特，你内心渴望抓住的都是那个人。数字世界固然能为你提供更优质的声音或影像，但它并不能提供你真正想要的——活生生的那个人。无论是在数字世界还是在现实世界，我们苦苦追寻的只是一种留住那个人的方式。这就是真相：在那个人离开后，找寻他，想要填补那个空位。

那就带上这些记忆吧，带上你所需要的一切继续生活下去。允许自己保留一些能让你感到那个人依然存在的东西——无论是藏起来的信件还是永远都不会删掉的语音邮件——这样，你就能在悲伤中继续生活下去。东西就在那里，但同时你必须在没有他的世界里生活——只要你能保持平衡。这么做一点问题都没有。他仍以各种方式与你同在，这让你感到喜悦，当你需要记住、想要记住的时候，他就在那里。

他在那里。

一直都在。

浪潮来袭——2001 年，布莱顿

母亲把车停下，让我下去。我们把车上的箱子打开，一切都感觉很不真实，就像看一部关于孩子去上大学的美国电影。我的小房间位于校园边缘地带，窗外能看到奶牛。我很兴奋，但对于正在发生的事仍懵懵懂懂。我得到了父亲的旧录音机，可以用来听《哈利·波特》的有声读物，还有一把吉他可以弹个和弦什么的。哦，那是什么？我还是挺酷的。

她准备走了，临走之前想要拥抱我，突然，我们都有些慌张。"我得走了，我可不想哭。"她勉强笑着说。我们俩都明白，她要独自回家，父亲不在了。是的，我们俩总是同时意识到这一点——他不在了。

同学问了很多关于家人的问题，我总是顾左右而言他。秋季学期，我参演了一部话剧，另一个参演的男孩问起我的家人，他是那么认真，最终，我说我父亲去世了。他直勾勾地看着我，讲述了他的遭遇，整个人像霜打的茄子。他一定在想："她懂我，理解我。"

可我并不懂，也不理解他的悲伤。我想试着去理解。有一天，我去了他的小房间，他拿了个什么玩意儿，我们一起听了《罗密欧与朱丽叶》的配乐，我感觉有些麻木。但他着实吓到我了，因为他的痛苦是如此显而易见。我没料到死亡会把人折磨到这个份儿上，我不要变成他这样。我必须振作起来，把痛苦掩埋起来，不会任由它露头。

我不再约他喝茶了。我感觉很糟，他也很生气。但我实在不知道该怎么说，"你那么外露的痛苦让我不舒服"（无论怎么说，我听上去都像个混蛋）。所以，我闭嘴。

我得到的教训是：少说话，别让任何人看到你的处境有多混乱。

一年后，我像个成年人一样搬到了一间小房子里。有一天，我室友（北方人）的北方朋友来度假。房子里突然多了一群口音浓重的小伙子，到处都是啤酒罐，他们虽然有点傻，但为人很有趣。我们看起来就像在拍情景喜剧，在他们身边我感觉很放松。接着，其中一人开始拿"母亲"开玩笑。他们一个接一个地讲着可怕的笑话，笑话越恶心，他们笑得越疯。我被激怒了。可我的这种反应使他们得寸进尺，他们开始取笑我。我试着和跟我搂在一起的那个男孩（男孩女孩都成双成对地搂着）说："她是我的全部，你懂吗？我受不了这些笑话，因为我什么都没了。"

那男孩很善良，但并不明白我的意思。他叫那些人别再取笑我，但他们不肯。"就是个玩笑嘛！"他们反复说着。"只是个玩笑，卡里亚德。"为什么我就不能笑呢？他们看着我，但都不知道。当我说"我什么都没了"的时候，没人理解我。

这就是为什么我必须小心。如果你把自己的感受暴露出来，那人们就可以随意践踏它。还是好好藏起来吧。不要和那些永远无法懂你的人谈论它，也不要和深陷痛苦的人谈论它。卡里亚德，对待悲伤一定要慎之又慎。把它包裹好，放回原处。

多年后，我成了母亲、作家，并终于开始接受治疗。我还和当年调情的那个北方男孩成了朋友，那段历史成了尴尬而遥远的记忆。如今，我们都长大了。他病了，病得很重。我给他寄了一张卡片，对他说："真抱歉老天爷这么对你，太不应该了。"后来，我们还见面聊了聊，他一点都没变，虽然得了癌症，但还是那么滑稽可笑。他向我道歉了。我明白他的意思，他什么都懂了。他说："我们当时不懂，没人知道你是什么意思，真的啥也不懂。"那一瞬间，我感觉浑身都放松了。我没猜错，他们的确不知道。所以，我当时的反应完全可以理解。

快，快去告诉过去那个卡里亚德，冲她大喊："老天爷啊！我快受不了了！"但紧接着，我觉得自己愚蠢透顶，尴尬得无地自容。我努力想要隐瞒自己的真实感受，却什么也没瞒住。我的痛苦显而易见，就像尿裤子一样扎眼。要是当时我知道如何控制情绪就好了，控制内心的那种混乱、那股悲伤。咳，那可恶的悲伤！

你离去后,我不再做那些事

悬挂式滑翔(母亲让我保证的)。

吵架后上床睡觉。

不道别就离开(害怕他们或者我会去世)。

服用违禁品。

喝得酩酊大醉。

购买父亲节贺卡。

认真对待中年人。

当中年人不理我时,泰然处之。

感激中年人给我的忠告。

打电话问你某件事是怎么回事。

纠正我的语法错误。

因你的镇定自若而尴尬。

和你争论。

理解你。

相信一切都会好起来。

浪潮来袭——2002 年，布莱顿

我坐在岸边，凝视着海浪。悲伤的浪潮一次次无休止地、愤怒地向我袭来。我盯着它们。它们怎么敢？我感觉很渺小……在大宇宙的衬托下，我太微不足道了。我，一个小不点，对着海浪大喊大叫。

我正处于可怕的痛苦之中，我甚至记不清怎么到这儿了。

空气中弥漫着湿气，有点要下雨的意思。我的头发卷得像一团乱糟糟的钢丝。我打着一把透光的白色雨伞，但今天透进来的只有灰色。忧郁的气氛充斥着整个天地。

我沿着那片岩石嶙峋的海滩往前走。后来，我坐在一道奇怪的木栅栏旁，它把海滩分成一个个方格。我使劲儿扔石头，可技术太差，总也扔不远，石头总是扑通一声掉进水里。我讨厌那滑稽的扑通声！我想要把拳头变成一个巨大的木槌，狠狠地击打海洋，在伊斯特本沿途造成海啸！我要让整个地球知道我的不满。我像疯了一样大喊大叫，甚至没意识到自己在做什么。周围一个人都没有，忽然，我心想这可不妙……冲着大海叫唤，我是不是疯了？但下一秒，我又大喊："你在哪儿？你他妈的到底在哪儿？"

我呜呜地哭起来。我把伞收拢在头顶上,我当时看起来肯定像一朵哭泣的小蘑菇。天空中下起了毛毛雨,雨水和泪水在我脸上交汇。(甚至在我写这些的时候,那段记忆像墨水在湿纸上洇开一样,变得模糊。)那一刻,我的肠道刺痛得厉害,这很可能是我此后二十年肠易激综合征的起点。我痛苦地哭着,直到眼泪哭干,再也挤不出一滴来,方才停止。嗓子痛得不行。听到自己最后发出鹅叫般的声音,我感觉蠢死了。好在没人看见;那时海滩太潮湿,没有一个游客。

我感觉麻木,好像生病吐了什么东西。我把它留在海滩上,让海浪带走它。海浪可以承受我所有的痛苦和呼喊,狼吞虎咽地吃下去,拖到最深的海底。

我往山上的公寓走。路上碰到一些熟人。"嗨,你好吗?"他们兴高采烈地跟我打招呼。

我笑着回应:"嗨,我很好,多谢!"

我可真会撒谎,演技堪称一流。我笑着跟他们谈论这场雨,然后挥手离开,手不停地摇着。

第四章

事情发生时，你是谁

"过去就是过去。这就是时间的含义，而时间正是死亡的另一个名称……"

C. S. 路易斯《卿卿如晤》[1]

亨顿，1998年。前景不太乐观。母亲给我找了一位专门接待年轻人的悲伤顾问，开了一个疗程。我的态度就像藤壶被礼貌地要求离开它寄生的船体一样——我不愿意去。可母亲劝道："就去试一次，如果不喜欢，就不用再去了。"

她在车里等着，冲我笑笑。当我怒气冲冲地摔上车门时，她依然在为我打气。如果你当时在场，甚至能听见我在想什么：这可太扯了。

---

[1] *A Grief Observed*，路易斯在痛失爱妻之际，写下的对生和死、信任的丧失与重建等人生母题的深刻思考。

那幢建筑整个都是棕色的——屋顶、墙和砖都是棕色的。与撒切尔时代那种暗色的薄砖相反，旧伦敦那种红砖让人感觉温馨。室内的墙壁变成了米色。我径直走向一个看起来像正规接待区的地方，那里的椅子上覆盖着一层尽是斑点的深棕色绒毛，让人看了浑身发痒。我真想把它刷干净。

这地方、这建筑、这次咨询成了我的突破口。而我之所以陷进去，是因为当时的我才十五岁。如果父亲再熬几个月（这么说有点粗鲁），我就十六岁了，那样，就有资格接受针对成人的丧亲咨询。20世纪90年代末，没有太多面对儿童的此类服务。值得庆幸的是，现在的情况已完全不同了，有一系列帮助儿童走出死亡阴霾的服务，如专门服务儿童的丧亲慈善机构、各种图画书、TED演讲、播客；只要你想，就一定有什么能帮到你。但1998年没有互联网，你也无法与处境类似的人联系，只能靠口口相传，比如谁听说某某班级的丽贝卡也刚丧父（但她不愿谈论此事）。你很难找个人聊聊。所幸，我那位机智的母亲努力帮我寻找哪怕有一点点用的东西，尽管彼时的她也深陷悲伤的泥淖。

就这样，我来到这栋位于一个双车道旁的棕色建筑里，和一位女士谈论我的遭遇。可我一点也不想和她说话。我当时十五岁，那个年龄的孩子不愿意做任何暴露自身弱点的事情。我想让她滚蛋，然后去抽二十支烟（现在我不推荐）。

那位女士很和蔼，声音听起来就是个治疗师——有点刺耳的同时又让你感觉放松。我们走进一个房间,她让我坐在一把小椅子上,那是一把小得有些可笑的椅子,是给真正的小孩准备的。我虽然不大,但比八岁小孩还是大得多。我坐下后,膝盖基本就抵在脸上了。她随后也坐在一把同样小的椅子上,这下可好,我们俩都是一副膝盖抵着脸的模样。我心想:有这个必要吗?这里,我勉强算得上孩子,可她不是呀。我意识到她是在借此表示她跟我在一起,但这种姿态只让我更坚定地认为我不属于这里!我和她之间有一张配套的小桌子,上面放着一个娃娃屋,旁边是一些破旧的彩笔。房间各处散放着暗色的木制教具,当然也是棕色的,脏兮兮的,不知被多少闷闷不乐的孩子摆弄过。我既不觉得欢乐,也不感到悲伤,一切都不具备威胁性。我知道这是她的把戏,她故意把环境搞得这么沉闷无聊,好叫我放松警惕,情绪一步步变得激动起来,因为只有这样,我才能感到自己还活着。

我已经准备好打赢这场战斗了。是的,这就是一场战斗,因为我总听人说某某"战胜"了癌症,或某某输掉了这场"战斗"。现在,我只会痛斥这种麻木不仁的语言,怎么能用如此简单的方式去谈论绝症呢?但十五岁的我对此深信不疑,所以我当时就像个街头霸王,准备与悲伤斗个你死我活。米色房间和那堆灰不溜秋的玩具绝不会让我缴械投降,即便是这位接受过专门训练的治疗师,也休想攻破我的坚固壁垒!

一开始,她使出了"保持沉默"的伎俩。我承认当时挺可怕的，痛苦又难挨。我在小椅子上不断地挪动身体。但不久，她开口了（她先示弱了）。她问我今天感觉怎么样。哦，这个简单。卡里亚德1分，和蔼女士0分。

我早就习惯了人们的提问。这问题很好回答。我早就掌握了最佳语气——既要具有足够的侵略性，让对手打消追问的念头，又要有足够的说服力，听起来就像我真的感觉很好一样。于是，我回答："我不想来这儿。"

她说："我理解。"

她的回答让我有些意外，我本以为自己会挨顿骂，那样，就可以理直气壮地叫她滚了（我父亲不在了，我没法再对他这么说了）。她接着又问了些问题：最近过得怎么样？在学校过得好不好？……

我含含糊糊地应答着，打定主意不让她从这次谈话中获得任何有用信息，那样她最后就只能建议我还是回家。但她显然受过良好的训练，很快就使出了妙招——问了一个我压根儿没想到的问题。她问我是否梦到过父亲（卡里亚德1分，和蔼女士1分）。我确实梦到过。她是怎么知道的？那正常吗？我做错了什么吗？天哪，那一刻我有一万个问题想问她，可嘴就是不听使唤。呼吸！就实话实说，不会泄露任何信息的。

"是的，我梦到过。"

我本想就此打住，但一时脑海里涌现了更多细节，就像打开洗衣机门时，袜子接连蹦出来，争先恐后地想被扔进烘干机一样。下一刻，我就向她和盘托出了。我说我哥哥梦到过父亲，父亲站在阳光下，温柔地说了一些什么……母亲也梦到过他，他浮在空中，说他过得挺好的。我的梦与这些都不同，我看到他的尸体发黄且僵硬，他还穿着生病时穿的那件绿色运动衫。尸体就在门廊那儿，我们上学的时候总能路过它，然后说："天哪，我们得把它给处理了……"

"他没跟我说一句话，我也没看到白色的光。我哪里做错了吗？"我忽然闭嘴了。不好，中计了（卡里亚德1分，和蔼女士2分）！

因为感觉很糟糕，所以我从没跟任何人说过这个梦。我非常非常内疚，肯定是我悲伤的方式不对，否则为什么没有天使造访，而只是梦到那些让人焦虑的情景呢？她和蔼地说："也许你的处理方式更实际？可能这就是你面对这一切的方式吧。"

一种奇异的感觉袭来，我感觉不那么难过了。我把这一切告诉这位女士，她既没有嘲笑，也没有批评，我松了一口气，甚至放松下来。

我感到她也很满意，她注意到她的帮助起效了。我马上又慌张起来：这下糟了，一堵墙已经被她攻破了，恐怕还会有更多的东西溢出来。

其实，我很想随便找个人说说，我渴望有人说："你必须每周来一次，好好谈谈，不来不行！因为你需要，这是在帮你。"要是有人能替我做决定就好了。可没有这么一个人,只有我自己,坐在那间儿童房里,假装是一个成人。最后,我说不想再来了,这里不适合我,我不需要。

她表示理解,态度平和,也没有挽留我。我慢慢走出房间,想着也许她会改变主意,喊住我,说"你必须再来"。但没有,她相信了我的表演,以为一个青春期少女虽然刚失去了父亲,但一切还好。我没意识到我真的很需要找个人谈谈,让一个人在没有准备好的情况下独自面对悲伤行不通。我也没有意识到她什么都看清楚了——我是那个受到惊吓的孩子,我还需要点时间——所以她没再说什么就让我去寻找自己的路了。其实,我没有骗到任何人(卡里亚德2分,和蔼女士3分)。

我回到母亲那辆红色日产车里,车牌号的后几位是父亲姓名的首字母缩写。她问:"感觉怎么样?"

"糟透了。"我说。接着,我开始嘲笑那位坐在小椅子上的和蔼女士、那个房间和那些玩具。最后,我说我再也不会去了。"我努力过了,可这么做真蠢。咨询不适合我。"一切到此结束。我很好,一切都在掌握之中。我会像个成人一样处理好。

此后的十五年,我没再接受任何形式的治疗。这怪不得任何人。无所谓谁赢谁输。但现在回头看(得益于多年的成人治疗),我看到了那个还是孩子的我,那是个还不能理解悲伤的女孩。当时强行让我谈谈,对我能有什么好处?逼迫我行不通,必须我自己真心想谈才行。十五岁的我还没有足够的词语向别人解释发生了什么，更别说向自己解释了。青春期对任何人来说都是个坎儿，而死亡又让一切变得更加棘手。我可以一个人哭，也可以在家人或好友面前哭，但还要过很多年，我才能真正理解发生了什么；直到最初的震惊消退，我才能看清所受的伤。在当时那种情况下，每个人都尽力了，包括我、母亲、那位和蔼的女士。有时，只有等到一段时间以后，你才能用语言表述当时的痛苦。

我当时不过十几岁，本身就面临一堆约束和情绪困惑，又加上丧亲之痛，同时面对这些挑战非常困难。但许多年来，我故意忽略失去父亲的年龄，不顾一切地说服自己（和其他人）"父亲在我十五岁时去世并不是什么大不了的事"。如果他在我二十五岁或三十二岁去世，情况也一样——还是那个父亲啊，对吧？但我错了，在这个问题上，年龄很重要。他去世时，我尚未长大成人；我既不是成人，也不是孩子。我是个半成品，姑且这么说吧。我正在跟自己和他谈话。悲伤深刻地影响了我，反过来，年龄又影响了我的悲伤，那个十几岁的我长久地塑造并制约了我的悲伤，未完成的状态定义了我的悲伤。起初是一种愤怒、恐惧和困惑的悲伤，是的，因为当时的我就是这样。青春期的特质与我的悲伤融为一体。

这可不是青春期的特权，你的悲伤也可能与很多事物交织在一起，比如长大成人、步入中年、迈向老年、初为父母。当你准备好正视自己的悲伤时——可能是在死亡发生多年之后——你能问问自己"当时我是谁"吗？死亡发生时，是什么塑造了你？生活中的一些因素塑造了你独有的悲伤，这极有可能，也正常，无所谓对错。永远不要对悲伤进行价值判断，悲伤并不适合这样。如果你能看清是哪些因素塑造了你的悲伤，就知道自己哪一部分可能仍在受伤，比如你刚刚离家，刚刚怀孕，好多年没和他们说话了。你能认清悲伤袭来时自己的确切处境吗？

史蒂芬·曼甘

那感觉时断时续，我慢慢意识到发生了什么。你要是以为一屁股坐下，所有感觉和痛苦就会一股脑儿地释放出来，可就错了。有时，你可能很多年都没意识到它到底是什么，也不清楚它对你的影响，它如何改变你或伤害你。这需要时间，有些东西需要很长时间才能释放出来，而且时断时续，但有时你又会顿悟，并否认它。

如果你也是"青少年悲伤俱乐部"的成员，那可能也听过我治疗失败的故事。多年来，我一直认为自己在应对悲伤时表现得非常失败，简直叫人不敢直视。直到我跟经历相似的其他人（在青少年时失去亲人）交谈后，我才意识到我的所作所为绝非愚蠢、疯狂、无用、不负责任；一句话，我再正常不过了。自从那次可怕的咨询后，我开始了自我治疗——醉酒聊天、深夜忏悔、拒绝寻求任何专业人士的帮助。当时，这些做法给人的感觉非常不健康、孤独并透着深切的悲哀。但现在回望当时，我认识到除此之外，我没有能力用其他任何方式来应对悲伤。我有幸拥有可以随时与之倾诉的家人（只要我愿意），可我发现，即便是对他们，我也很难表达自己的感受。当然，我们也交谈——关于发生了什么，那意味着什么，他是谁……但俱乐部任何成员都知道，你能对家人说出来的悲伤和隐藏在心底无法言说的悲伤，是有区别的。我很幸运能得到帮助，可还是免不了苦苦挣扎。随着时间的推移，我逐渐意识到，只有当我承认十五岁这个年龄对悲伤产生的深远影响时，我才能更全面地看待自己的悲伤。

后来我才看清楚，我的悲伤之旅其实很典型，尤其对于那些与我情况相似的人（青少年、癌症、快速死亡诊断）。有些人在儿童或青少年时期丧亲，直到三十多岁才能再次表述自己的悲伤，这其实很常见。我们在震惊中度过了童年或青春期，二十多岁时，我们尝试通过协商来接受它、忽视它或犯一些可怕的错误。等到了三十多岁，我们就可以满怀希望地回首过往，然后突然意识到，这些悲伤很可能与我当时发生的事情有关。我能不能做点什么呢？

乔尔·戈尔比

作家、记者。乔尔十几岁时父亲去世，二十五岁时母亲去世。

我的处理方法不怎么好，可我当时没有意识到。我以为一举就击破了悲伤。我当时想："我母亲离世了，可我一点事儿也没有，我可太行了!"大约两年后的一天,我突然意识到我并没有击破它,因为我根本就没有直面它,我只是把它屏蔽了。

我并不是说青春期遭遇悲伤比二三十岁更难熬,但我要承认,悲伤开始的年龄越小,这个过程持续的时间就越长。我陷在悲伤里的时间比很多人都要长,但这并不意味着我的悲伤更轻或更深。我慢慢学会如何正确地看待它。其实,我们待在这个巨大的俱乐部里,不光要看到俱乐部有多大,还要看到这里的悲伤包括很多情形。无论你的悲伤是什么样,你最好了解一下情形相近的悲伤及其各种奇怪限制。

我们可以了解彼此的交集。例如,我是青少年悲伤俱乐部的成员,我的悲伤来自父亲被诊断为胰腺癌后迅速死亡。也许其他成员的父亲也患此癌,只是存活更长时间,恶化缓慢。现在,又增加了很多新的悲伤来源,比如新冠、其他流行病、隔离、远程告别。悲伤将我们彼此相连,方式多种多样,有时带来益处,有时又引起嫉妒,但不管怎样,我们都是一个阵营的。如果我们能理解其他悲伤的具体情况,比如大小、乐趣和局限性,我们就能更好地理解自身的悲伤。

我们经常严厉地评判自己的悲伤,因为我们不与那些悲伤经历相似的人交谈,也不与那些能够理解和感同身受的人交谈。有些人了解癌症有多快致命,或者知道青少年瞬间长大是什么滋味,与他们交谈是一种不可思议的治愈。知道别人和自己一样承受着痛苦，是一种治愈。

事情发生时，你是谁？你多大了？你当时发生了什么事？悲伤降临在谁身上？首先问问自己，你正在将悲伤的哪一方面最小化，这会很有帮助。对我来说，那是我的年龄。多年来，结束那次咨询，并把它变成一个愚蠢的故事之后，我想我选择了不谈论悲伤。但事实是，我无法做到。

杰西·米尔斯

歌手、作家和播客主。2018 年，杰西的母亲、前国会议员泰萨·乔威尔死于脑瘤，当时杰西初为人母。

最让我痛苦的是，母亲生病直至去世时，我自己也刚做母亲。我女儿在 2 月 28 日出生，母亲在 5 月 24 日确诊。可以说，我成为母亲的那一年，也是我失去母亲的一年。作为一位新手母亲，我从没想过自己会这么需要母亲，我需要她教我怎么做母亲，而那一年她给予我的一切，是我这一生中最宝贵的财富。

詹姆斯·奥布赖恩

电台主持人、作家。詹姆斯的好友安迪 2020 年死于脑瘤。

2020 年 12 月，新冠疫情封锁马上要结束时，我失去了一个非常好的朋友……我来年 1 月份就五十岁了。这是我第一次经历同龄人的去世……正常情况下，你应该比父母长寿，可我真没想到同龄好友已经走了。

阿曼达·帕尔默

歌手、作家。阿曼达向我讲述了她的悲伤经历。

悲伤会安静地等待着。感觉就像二十多年前，我分手或者被甩了，但我仍陷在悲伤中。那种悲伤是柔软、起伏的。它好像在说："对，我还在这儿，哪儿也不去。我会一直等着，静待时机，我会一直安静地等下去，直到你足够成熟，能够直面失去，正视那些你做过、错过、搞砸的一切。"我还觉得随着年龄的增长，这些事情、感受都变得越来越温和了——我能够原谅自己了……

更深入地研究这一话题时，我意识到重要的不仅是悲伤者的年龄，还有事发时他们能够用来描述情感的词语。十五岁时我无法消化正在发生的事情，直到长大我才具备这种能力。所以，多年来我一直生活在一种我自己都无法理解的悲伤中，这令我困惑和痛苦，因为这种悲伤在我看来毫无逻辑可言。其实，在很大程度上，我的悲伤来源于我无法准确地表述它。只有先弄明白那个结是什么，我才能解开它。

每个人的结各不相同。比如，你年纪大一些，与逝者生前长期相处得并不融洽，那么你的悲伤可能会被另一种痛苦包裹，即他活着时，你未曾与他好好沟通。或者，在他去世后，你不得不立即搬离曾经共同生活的那个家，你同时在哀悼那个房子、那个曾经的安全空间，太多的悲伤情绪由此形成。又或者，死亡发生后，你跟家里人闹翻了，以至于无法与他们沟通，所以，除了死亡本身带来的悲痛，又多了丧失原有支持系统的伤痛。

很多时候，可能还会感受到其他损失，我们称之为二次损失或二次悲伤，即从"他们永远不在了"这一实际悲伤中衍生的其他感受。例如，成为母亲时失去自己的母亲，卖掉从小就居住的房子后搬家，失去兄弟姐妹后与共同生活很久的伴侣分手。那个很重要的人离开了，这已经给我们带来很大的伤痛，可除此之外，我们还要应对随之而来的其他各种痛苦。直到多年后，我才完全承认以下事实——我失去了青春期和童年的某个部分。我不能东跑西逛，不能喝醉酒，不能由着自己的性子胡来——因为我敏锐地意识到死亡随时可能到来。总之，我无力做一个无忧无虑的青少年——承认这点真的很难，因为与失去父亲相比，为这些琐事悲伤很可笑，但这些琐事恰恰也是悲伤的一部分。

费利克斯·怀特

音乐家、播客主、作家。费利克斯的母亲在他十七岁时死于多发性硬化症。

我有点孩子气，好像身体里还住着那个十几岁的孩子……我有一家唱片公司，它会举办精彩的双月之夜活动。我的生日在9月份，有一天晚上他们拿来一个蛋糕，那里有一个很大的吸烟区，挤满了人，我就想，在我三十四岁生日这天，我要转身把这个蛋糕扔到人群中。我想了又想，终于明白了。这其实不是我想干的事，而是那个压抑太久的十几岁孩子想干的事——他十七岁时没有机会这么干，现在，他想偶尔出来透口气……

想着想着，我真的把蛋糕扔了出去。

这种情况对应一个专门的术语——"延迟悲伤"，即你把悲伤暂时搁置一旁，有时长达数年，因为你必须去处理那些更为紧急的事务。这种情况可能发生在任何人身上，原因也多种多样，但最常见的情况是仍处于死亡带来的震惊中，或者某些悲惨的情况导致了死亡，或者还有其他必须立即处理的事情，如还债、新生儿降临、其他人死亡、身患重病等。无论你年龄多大，那种悲痛都会让你不知所措。未成年的悲伤者也许不像成人那样有很多额外的急事需要处理，可对他们来说，"如何长大本身"就是个问题。

二次悲伤、延迟悲伤等术语并不能让你彻底走出悲伤（记住，我们不是要解决或消除它，我们要学会理解它），但了解这些术语有助于减轻你的悲伤负担。你感觉麻木的原因是什么？死亡发生后，你不得不处理其他更重要的事情，以至于无暇顾及悲伤。比如，父母去世时你正怀孕，要准备照顾一个新生命。爷爷去世一年半后,你突然因为一只猫的死亡而号啕大哭?你看,悲伤其实一直在等待着,等第二次机会到来时倾泻而出。这也是在提醒你:你经历的一切都正常。如果你还要照顾另一位年迈的父母,可能没什么感觉,就好像悲伤消失了一样——没关系,因为事实的确如此。不是谁错了,这就是悲伤的运作方式,它在等待一个更好的时机——你准备好接受那些感觉的时候。

玛丽安·凯斯

作家。玛丽安的父亲在她五十多岁时去世了。

悲伤重新编排了现实,不,它重新编排了一切,包括我对存在的看法。一切都井然有序,我不认为能回到以前的样子,也不应该退回去。我们被死亡赋予一种洞察力,能够理解在此之前无法理解的东西。

悲伤一直等着我,我一路走来,它时不时冒个头,每当此时,我会赶紧收拾残局。当我的心智成熟(加上遇到一位出色的治疗师)到可以直面它时,我出手了。我一点也不后悔等待,因为我真的别无选择,悲伤有自己的逻辑。

那么,你的悲伤需要什么呢?你准备好认真探索一番了吗?或者,你还需要些时间,才能更好地描述它?每一种悲伤都是与众不同的,就像你与逝者的关系一样。如果可以,就庆祝这种独特性吧，这不是坏事，只是个客观事实，构成了你与逝者之间的关系。

吉尔·哈夫彭尼
演员。吉尔的父亲在她六岁时去世。

当人们说"父亲在我还很小的时候去世了，所以，这对我其实没什么影响"时，我简直没法理解。这件事对我当然有影响！对于一个孩子，你能想象有比这更严重的创伤吗？但你可能会把伤痛埋在心底，我就是这么做的，直到它开始表现在不同的行为上——我变成了一个忧心忡忡、害怕的孩子。

苏珊·沃卡玛
演员、作家。苏珊的父亲在她二十岁出头时去世了。

另一个同样棘手的问题是：他去世时我才二十四岁，我虽然已经成年，但还很年轻……随着年龄的增长，我回头看，才意识到我一直都像在水里挣扎着不被淹死，我不知道自己在做什么。但那时我想："好吧，那就这样吧。我交了个男朋友，自己料理生活，告诉父亲我要独立，我要工作。等着瞧吧。"

就这样，我努力践行诺言，没向他借过一分钱，所有的事情都靠自己……接着，父亲去世了，我失去了他，感觉又变成孩子了，可我已经成年了。

悲伤是你的一部分，是生活和境况的组成部分。你的年龄、文化、信仰、经济状况等一系列因素都会影响你的悲伤方式——是即刻爆发，还是静待时机？是大声和情绪化的，还是难以用言语表达？用一刀切的办法应对悲伤，无疑是帮倒忙。你的悲伤、你与逝者的关系都只属于你，你完全有理由搞清楚，找到最妥当的应对之策。

最终，当我直面青春期的悲伤时，我看到的并非一直以来害怕的混乱景象，而是一种出乎意料的平静的悲伤。所以，无论你的那股悲伤是什么样，你一定要相信，当你准备好时，就不会再畏惧它。当然，你可能还需要有位专业人士握紧你的手，或者还需要些时间，但不管怎样，你可以做到了。只有看清它的实相，你才能理解它，知道它需要什么，进而用一种新的方式带着它上路。你看到，就像冲出岩石缝隙长大的树一样，你的新生活也在悲伤周围扎下了根，你再也不会倒下了。

菲莉帕·派瑞

无论两个人的关系是伴侣还是一种纯粹的友谊，如果那个人突然走了，你的一部分也会被带走，从而你的内在形成某种虚空。那些只有你们俩懂的笑话、你们俩在一起的美好时刻、过往的点点滴滴，都随之而去，感觉就像失去了自己的一部分。有一刻你觉得自己快要承受不住悲伤了，这在一定程度上来源于你心里的那种虚空。但随着时间的推移，其他东西会慢慢地填满它。

如果你读到这儿，认为走出悲伤、重拾宁静不大可能，或者说完全不可能，那么下面这个新概念可能会对你有启发，即"复杂悲伤"，或称"延长悲伤障碍""持续的复杂丧亲障碍"。

复杂悲伤是一个相对较新的发现，仍存在争议。它被列入世界卫生组织《国际疾病分类》也只有几年的时间，并且直到2021年才被列入《精神障碍诊断与统计手册》（官方精神病学权威著作）。还有些人坚持认为，悲伤是一个过于复杂、微妙的过程，以至于无法归类。

要想从这类悲伤中恢复看似不可能，就算把恢复的时限拉长到几年后，似乎也是无望的。据估计，5%~7%的悲伤者经历的是复杂悲伤，原因有很多——极具创伤性的死亡、创伤后应激障碍病史、焦虑、童年的创伤性事件、对逝者的极度依赖（情感上或经济上）。此外，复杂悲伤经常被误认为抑郁症，因为它也会让人觉得生活枯燥乏味、毫无意义（抑郁症的典型症状），但与抑郁症不同，它完全来源于一种看似无法排遣的悲伤。哥伦比亚大学社会工作学院复杂悲伤中心创始主任凯西·希尔博士指出，复杂悲伤与抑郁症的不同之处在于，前者表现为"对逝者的深切思念和渴望，脑海中尽是关于他们的想法和记忆；关注点都在逝者身上，真心希望他们能回来"。

对大多数人而言，即使痛不欲生，随着时间的流逝，这种感觉也会慢慢减退，有时甚至觉得更好、更容易和更轻松了；好像时不时能看到隧道的尽头，感受到幸福，甚至承认生活围绕着痛苦的经历继续前进。而复杂悲伤的程度就如死亡发生之时，悲伤并不会减轻。建立新生活很难，也许根本不可能。希尔博士说："随着我们逐渐适应，悲伤会自然消减并退居幕后，可对于患有延长悲伤障碍的人来说，情况并非如此。"我们认为最根本的问题是，这类人无法找到应对失去的方法。

希尔博士和老年医学、社会学、医学教授兼康奈尔大学临终关怀研究中心主任霍莉·普里格森，都在努力探索这类悲伤。普里格森博士设计了复杂悲伤的清单，这是一种极具影响力的变化，意味着这种疾病可以治疗，保险公司将支付治疗费用。我在英国广播公司第四台的纪录片《悲伤的启示》中与普里格森博士交谈时，她谈到了不认真对待此类悲伤的诸多不利影响："延长悲伤障碍的主要症状是渴望。你在抗议：'不，我要那个人回到我的生活中。'当所爱之人或重要的人去世后，人们会有这种感觉吗？是的，的确如此。但十二个月以后，就不太会了。如果你每天都有这种强烈的感觉，那就说明出问题了……总之，无论你如何看待这些似乎无害的症状，你都很可能并没有找到缓解症状的有效方法，甚至身体健康也会受到影响。"

复杂悲伤相对罕见，大多数经历丧亲之痛的人都不会遇到这种情况。但如果你有类似的感觉，可以诉诸一些疗法——当然，这些疗法有待进一步完善；不过，我与那些接受这类治疗的人聊过，他们都认为生活从此发生了改变。还有一些人认为，用这种方式对悲伤等情绪状态进行分类，是把它医学化的捷径。由此而来的担忧是：医生会向患者分发抗抑郁药了事，而不是允许他们为某人的离世继续悲伤。这涉及复杂的讨论，我只能建议你寻求有效的支持。

青少年悲伤俱乐部寄语

我还想对青少年悲伤俱乐部的成员说几句，即便你不是俱乐部成员，也希望你能耐心听听，毕竟我们或多或少都能从别人的经历中受益。

我最初读到的大多数关于悲伤的文章可分为两大类：帮助儿童的和帮助成人的。青少年通常被归入成人一类。我们彼此之间有很多相似之处，这让我深感欣慰，悲伤和内疚的感觉也得以缓解。我在《悲伤播客》里遇到了俱乐部其他成员，有人参加过心理咨询，感觉自己就像小人国里的巨人，只去过一次，就再没去过；有人会使用"亡父卡"以免放学后被老师留下；有人再也无法参加家庭聚会，或者谈论谁喜欢谁……现在，他们才了解"死亡"一词的真正含义。尽管我们的丧亲之痛、悲伤之路以及与逝者的关系各不相同，但跟其他成员谈谈帮了我大忙。找到跟你境况相似的伙伴，看到其他人也与悲伤共存，从而意识到悲伤是可控的。

所以，亲爱的青少年悲伤俱乐部成员，如果你还没找到那个"组织"，希望以下分享对你有帮助。

成为青少年悲伤俱乐部成员的劣势

❶ 鸵鸟

你其实并不了解父母。在他们生病、变得脆弱之前，你对他们的感知就像对家里沙发的感知一样。你忙着搞清楚自己是谁，根本没料到有一天你会如此想了解关于他们的一切。让你深感遗憾的事情可能包括：没有问他们为什么（以及如何）毁坏科学实验室，或者吃完致幻剂骑摩托车穿过伦敦的真实感受（可能很棒，但也非常危险）。

❷ 魔术师的把戏

许多年轻的悲伤者都谈到了"魔术师的桌布"效应：感觉自己闭了眼，然后有人嗖地一下抽走了桌布，再睁开眼时，一切看上去和之前基本一样，但就是有种说不清的别扭。

这会让你摇摆不定，人就这样没了？我曾经感觉像在游泳池里，水比我想象的要深，我使劲伸脚，想够到底，结果惊恐地发现怎么也够不到。我在播客里采访过一位年轻的悲伤者，她是作家兼演员布朗娜·蒂特利。她的朋友塞拉在二十岁出头时去世，布朗娜这样形容当时的感受：就像你们一直生活在一个玻璃生态箱里，突然，盖子被人掀开，其中一个人被带走了，然后砰的一声盖子又盖上。我们还谈到，这么年轻就见识到死亡可以如此迅速地夺走和毁灭一切，让人震惊和恐惧，好像生活更多地被某些事或某些人掌控。

❸ 动弹不得

悲伤会让你动弹不得。在父亲被确诊并迅速离世后，我很长时间都缓不过神来。他的离开让我内心的时钟停摆了，就好像我的童年也终结了一样，而生活正在匆匆流过，可我只想放慢脚步，继续做他了解的那个女孩。现实是，你无法让时间停下，你要继续成长和生活。可在情感上，你好像停在死亡发生时的那个年龄，动弹不得。在之后的生活中，每当面临压力时，你还会回到那个年龄、那个地方。

悲伤的普遍真相是：你觉得无法继续长大，永远停在他还与你在一起的那个时候。但作为青少年悲伤俱乐部的成员，我们停下的地方正是由青少年向成年过渡的中点。我当然没法真的一动不动——我确实改变了，因为时间仍然向前流动——但我把十几岁的心和脑"切除"了一块，藏起来并锁好，以此确保与他共同生活过的那个我永远都不会死去。因此，从某种程度上来说，如果他认识的那个女孩还活着,那么他就没有完全死去。多么符合逻辑而又疯狂的想法啊——只有悲伤才能证明它的合理性。

那么,十五岁不放手的那个我又付出了什么代价呢?每当时间提醒我身边的一切发生重大变化时,我都会大吃一惊,感觉很受伤。最后,我终于意识到,要放她走,还要放他走,让她继续活着只会令我窒息。

成为青少年悲伤俱乐部成员的优势

❶ 漫游者

加入俱乐部意味着,你消化事情的时间有很多,比跟他在一起的时间还要多。悲伤会一次次地涌向你,但正因如此,你现在能轻易地识别它。"啊,它又来了。"你在去购物的路上认出了它,边走边想着;你买了三大块巧克力和一些朗姆酒,接着登录奈飞账号,一口气看了十集《老友记》。这样做无法帮你更轻松地面对悲伤,但你意识到它不会持续下去,它会变得温和,间隔也会拉长。你就知道自己能挺过去了。

❷ 丧亲卡

最近几年,我很少用它了。但如果你的父母、祖父母、兄弟姐妹、朋友或爱人刚刚去世,需要时,那就去用。我们这个俱乐部的福利已经够少了,这唯一的福利可要好好利用。对我来说,卡片的最大用处就是免于放学后被老师留下。当时，我多少有点心虚，因为父亲的忌日其实是前一天。我当时抽烟被抓到，眼瞅着就要挨一顿臭骂，见状我只好使出了撒手锏："对不起，老师，昨天是我父亲的忌日，我很难过……"她盯着我看了好久，接着把我送回了家；时至今日，我仍然不确定她是否看穿了我的把戏。但那种感觉真不错，从那么糟糕的局面中找点乐子，感觉……好极了。但请注意，如有必要，也需谨慎使用，并且别心怀愧疚。

❸ 火炼

与我交谈过的许多悲伤者都经历过"火炼"，简单来说，就是那种在经历失去后谁也无法碰触你的感觉。我应该……吗？如果我……可以吗？我要是做了……他会介意吗？内心总是提醒我们要小心谨慎的声音消失了。你从别人对你所作所为的看法中解脱出来了。演员兼作家罗伯特·韦伯的母亲在他十七岁时死于癌症。他这样描述当时的感受：你完全无法想象还有比母亲从你的生命中消失更糟糕的事，所以从某种意义上说，这件事让我变得更大胆了。

很难界定火炼的具体表现形式，因为你没法言简意赅地描述那种感觉。你的三观都改变了。以前认为重要的事突然变得一点都不重要了。以往那些让你担忧的事，像风中的灰烬一样飘走了。你不在乎别人怎么想、怎么说，也不在乎自己在某个时刻应该做什么。

再没有重要的事情了,因为他已经走了,所以什么都不重要了。

我(非常不科学地)估算了一下,火炼会持续大约五年的时间,之后,火势才开始减弱,你才能恢复正常生活。火在熊熊燃烧时,会产生一种驱使你前进的热能。亲人离世这场大火,会让你变得大胆,有时甚至达到厚颜无耻或自私自利的地步。对我来说,"火炼"是一种解放。不管怎样,我在一场本可以摧毁我的可怕事件中幸存了下来,我还活着,于是,我相信此后发生的任何事都无法伤害我了。除了最必要和最基本的感觉,你什么都没有了,这不啻为一种自由。这种新生的自由让人感觉轻松,那个过程结束了(如果死亡是由绝症导致的,那就尤其如此)。一切都结束了。无论他死得痛苦、悲惨还是平静,一切都结束了。

杰西·米尔斯

对我来说,不管怎样,悲伤都是一次非常丰富的经历,我没有受到限制或约束的感觉。事实上,那是一种难以置信的延展感……到最后,我甚至感觉自己看到了彩虹的颜色,在此之前我甚至都不知道那些东西的存在。母亲去世后,我经历了改变人生的真正悲伤,这给我开了一扇窗,让我得以感知以前不知道的事情和领略其中的丰富性。

并非人人都会经历火炼，但我发现，很多年轻的悲伤者在死亡刚发生时都会体验一次强劲的刺激。那是一种不想死、对生极度渴望的感觉。在目睹父亲去世后，我就有这种感觉。就好像有一股力量在推着我，我想呼吸，大口大口地呼吸，以此证明我还在，我还活着。许多悲伤者会对这种活下去的冲动感到内疚，觉得自己是在逃离刚刚逝去的那个人。但这不是真的，他们真正逃避的是死亡，尤其是对于在医院过世的情况——那里的空气更稀薄，你得小声说话，其中的一切都是为了让患者一点点地离开人世，比如吗啡、医生、针头、拉上的窗帘。我渴望逃离这一切，这种渴望活下去的火花变成了一团火，它开始燃烧。现在，你窥见了生活的秘密：你无法掌控或选择如何死去。死亡会在某个时刻发生。

火炼并不总是令人愉快的，我看过它的各种表现形式。我见过悲伤过后的毁灭，它堪称另一种死亡。我见过有的人开始莽撞地生活，年轻人决心痛痛快快地生活，全然不顾那些经历是否危险。起初，我觉得自己的人生已经支离破碎了，未来怎样有什么关系？他已经不在了，还有什么重要的事？有些人发现自己被驱使着走上一条新的道路，而我不再关心别人的想法——现在，我时不时还会怀念那个自由的时空。

马尔科姆·格拉德威尔在他的著作《逆转》中将那些有过此种经历的人称为"杰出的孤儿"，并借鉴了几项研究，它们表明许多成功人士都在很小的时候失去了父母。一项研究发现，67%的英国首相在未满十六岁时失去了父亲或母亲，这种情况在英国上层阶级中的比率只有一半，并且大多数首相也出自该社会群组。美国总统群体中也有同样的规律，前四十四位美国总统中有十二位在年轻时失去了父亲。

起初，这种现象被认为是巧合，但越来越多的研究发现，人在年轻时丧亲与后来的成功之间存在联系，于是研究人员开始调查为什么青少年时遭受创伤会激励当事人取得非凡成就。他们发现"火炼"是毁灭性打击的奇怪副产品，它有时的确能帮助当事人在长大后做出一番功业。

格拉德威尔接着提到了第二次世界大战中伦敦人表现出的"闪电战精神"——当局并未预料到的一种现象。政府原本以为会出现大规模恐慌，但正如世人后来所看到的，这并未发生。在难以置信的创伤中，人们继续生活。被认为是弱势的东西反而成了鼓舞士气的助推器。在闪电战发生后的几个月里，剑桥大学精神病学家兼讲师麦柯迪研究了人们对此次爆炸袭击的反应，并将被试分为三组。第一组是被炸死的人，无法在街上奔跑或制造恐慌。第二组是险些被炸的人，距离爆炸地点足够近，亲眼见证了爆炸及其破坏性，他们在震惊之余庆幸自己活了下来。第三组是之前未统计在内的距离爆炸地点相对较远的人，他们能够听到爆炸声，并感受到房子的摇晃，但本人毫发无损。对于幸存者来说，这种命运的"安排"让他们难掩兴奋，这群差一点就死掉的人后来感觉再没什么能打倒自己了。有报道称,有人在安德森的一处收容所待了一晚上并活了下来,此后,就再没回去过。

这种坚韧已被神化为英国历史的一部分,但格拉德威尔指出,它其实只是人们对创伤的正常反应,无论他们属于哪个阶层或多么临危不惧,情况都是如此。政府并没有低估英国人的精神,只不过认为"对可怕的创伤性事件只有一种反应"。这是错的,其实存在两种反应。当你发现青少年时期的创伤以一种所有人都没料到的方式让你变得更强大时,你可能会感到很吃惊。

那些小时候就失去父母的人都知道这一点。你的反应可能并不总是符合自己或周围人的预期。你完全有可能在经历死亡后继续茁壮成长,我知道这听起来有些难以置信。这并不意味着你为他们的离世而感到高兴,死亡可不是你变得无所畏惧的原因。正因为他们离世,你才能茁壮成长。(青少年悲伤俱乐部的成员经常表现得好像二者同时发生是一个奇怪的巧合,但与俱乐部很多成员交谈后,我知道这绝非巧合,而是一种本能的选择。做出这个选择并不容易,有时,你甚至都没有意识到自己做了选择,它来自一种更原始的力量。)青少年时期父母的去世或类似的创伤跟落在头上的炸弹虽没法比,可感觉是相似的——你的整个世界都被摧毁了,而你正盯着那个人离开后留下的巨大缺口。这样的经历让你感觉既可怕又莫名地兴奋。

对我来说,格拉德威尔结论的不足之处就在于,他过于强调一个情感因素——勇气，而忽略了其他情感。我承认勇敢的存在，但那是一种被悲伤和痛苦紧紧包裹的勇敢，所以既勇敢又痛苦。是的，我可以很勇敢，只因为我必须如此。这种韧性要付出巨大的代价，但我不会再为它带给我的积极影响而感到内疚，毕竟消极因素已经够多了。

格拉德威尔提出的另一个重要观点是，与国家元首的情况（青少年时失去父母）类似，童年时期失去父母的人成为囚犯的概率也比常人高出两到三倍。所以，在性格形成时期失去父母的创伤并不能保证你入住唐宁街十号（你也有可能进监狱），更稳妥的情形是父母健在，并有能力送你去伊顿公学读书。当然，不能将你的成功或堕落简单归结为亲人去世，还要考量其他很多社会经济因素。但"火炼"存在的事实同样不可否认——你始终有一种感觉，即死亡带走一些重要东西的同时，也给予你另一些东西。

费利克斯·怀特

当唱片小有成就时，我会突然感到很难过。接着，我们会向下一个目标发起进攻，比如上一张唱片登上榜首，紧接着我就像着了魔一样，想让这张唱片在几周内也登上榜首，后来果真如愿。当我在电话中得知这个消息时，下一秒又变得非常难过……可以与之分享这个好消息的人不在了。

青少年悲伤俱乐部可真不是个好待的地方。我讨厌它,也记不清有多少次冲着涌向我的一波波悲伤大喊大叫。但我知道自己在这里并不孤单,进而得以继续待在这里。其他人也有同样的感受,也在努力生活。别忘了提醒自己:无论你属于哪种悲伤的情形,你都不是孤身一人。这里全是经历过失去、心灵受创的同伴,他们都在人生的重大打击中幸存下来,所以你也可以。

浪潮来袭——2008 年

我不记得骨灰是我们自己取回来的,还是别人送来的。可能是母亲自己去取的吧,一定是她,我肯定没去。我只知道它被安放在衣柜里,一待就是十年。那是一个白色塑料袋,上面没有任何标志——火葬场大概不需要品牌建设吧。

父母的房间里有两个很大的松木衣柜,由于地毯太厚,衣柜门开合起来很费劲。之前,他们俩一人用一个,现在两个衣柜都是母亲的。不过,此后几年里,父亲的衣服还挂在原位。有他的西装、领带和衬衫,那是一条他很喜欢的印有鸭子图案的领带,那件衬衫极好看,印有橙色、白色和棕色的鸟类图案,衣领大得可以跑汽车。母亲总是开玩笑说"他就在衣柜里",我一开始没多想,直到有一天,我去衣柜里找东西,想"借"一双鞋或一个包,我看到了那个白色塑料袋。

"妈,这是什么?"我喊道。

"你说什么?"她喊着问我(我家的人从不轻声细语地询问,我们都直接朝隔壁房间、楼下、花园喊,直到对方听见为止)。"什么?"她又喊道,还待在原来的位置没动;除非我们当中的一个人喊得实在太大声，否则局面会一直僵持下去。

"衣柜里那个！"

"什么？"

"袋子！衣柜里那个袋子！"

"什么袋子？"

"就是那个袋子！"

"哪个袋子？"

"你知道的那个袋子！"

"到底什么袋子？老天爷啊！"她气哄哄地上楼。我指了指那个袋子，她看了一眼，毫不迟疑地说："哦，那是你爸。"

"就……放在这里？这个袋子里？"

"是啊，不然呢？"

我脑子里一片空白，只好拿上我喜欢的那个黑色天鹅绒晚会手提包，然后用力关上门。

我不记得什么时候做出了决定，但我们俩都知道是时候了。快十年了，一想到他还在衣柜里，我们都有点难过。他应该也会介意吧，我觉得他要是能自己来，早就行动了。

最终，我们选定了威尔士，这看起来再合适不过了。我们要送他回家了。我不知道他是否为威尔士人这个身份而自豪——我再没机会和他谈论这个话题了。但我记得有一次他让我们看橄榄球比赛，还穿了一件威尔士衬衫，只是感觉缺少点热情。他出生在加的夫郊外一个宁静的村庄，祖上在那儿经营一家糖果店。我爷爷常说："我们本可以成为下一个塞恩斯伯里集团！"他当然夸张了。

我们要把他带回威尔士——祖先生长的土地。那一片工业景观旁，是抚慰人心、让人安定下来的宜人风景。我们要去威尔士，去我们跟他回老家时常去的那片沙丘——他小时候也常和兄弟们在那里露营。（爷爷告诉我，那片沙丘存在的唯一原因是，20世纪50年代，好莱坞的一个摄制组把沙子倒在那儿。爷爷肯定在撒谎，我家的人都挺擅长撒谎。）

我们去了威尔士，之前已经在这条路上往返很多次了，但这次只剩我们三个人。外面下起了雨，经过这座桥时，总是下雨。我记得哥哥当时需要一个吸入器，我们在托尔伯特港找到一家药店。"你们从哪儿来？"药剂师用浓重的南威尔士口音问他。

"伦敦。"

"哦，它大吗？"

"您说什么？"

"我问伦敦，它大吗？"

"哦，对，挺大的。"

"哦，那可真不赖。"

这场对话让我们大笑了好几天，直到现在，我们还会模仿那人说话："这可真不赖啊。去撒父亲骨灰的时候，哮喘犯了。"我们需要大笑一下，吸入空气，让其充满心脏和肺部。我们尽量不去多想。

我们攀上沙丘，在靠海的那边找到一处被灌木丛和芦苇包围的地方。脚下的黄沙不断下陷，有劲风吹过——不足以把你吹倒在地，但绝对能让你感知其存在。这时，母亲拿出特百惠盒子。我们都感到难过，但不至于失控，因为大家都觉得在对的时间来到了对的地方。母亲把盒子里的东西倾倒出来，威尔士的风一下子就把它吹走了。不凑巧的是，一大团骨灰直接飞进了我的眼睛。我笑了。怎么会这样呢？难道是在拍电影吗？真是个完美又可怕的笑话。一大块沙砾样的东西刺得我眼睛生疼，让我的眼泪哗哗地流。而我脑子里唯一的念头就是，那东西到底是什么……这个节骨眼上想这个有用吗？母亲和哥哥看起来很担心，可能又要苦恼一阵子了。

而我自己呢？有没有心烦意乱？我看着大海和沙滩，心想："他也想回来，说不定还梦到过这里，希望他能在这里长眠。"多少年了，我第一次感觉离他这么近，我笑了。我当然知道，他就在我眼里。我嘲笑我们的愚蠢，为死亡感到如此悲伤挺可笑。我笑还因为这一切挺有趣，你不觉得吗？并且在悲伤的深渊中再次畅快呼吸，那感觉真好。

没来得及问你的问题

你为什么会被学校开除？

爷爷是怎么帮你复学的？

你为什么要买摩托车？

谁教你开车的？

你小时候喜欢吃什么食物？

你第一次喝醉是什么时候？

你为什么短暂地加入过那个邪教组织？

那起摩托车事故后，当他们说"你再也没法走路"的时候，你是什么感觉？

你什么时候想到"哦，我要去跑马拉松"？

你为什么生气？

你为什么大喊大叫？

你什么时候想到"我们相处得不太好"？

你尝试过做些改变吗？

你为工作太忙而感到内疚吗？

当我和哥哥还小的时候，你是怎么照料我们俩的？

你爱我们吗?

跟儿子在一起比跟我在一起更简单吗?

你还记得给我读过书吗?

你认为自己是个好父亲吗?

你认为我们的结局还算好吗?

你对死亡感到愤怒吗?

有哪些事是你想做而没做的?

有哪些话是你想说而没说的?

多希望在你还活着时,我问过你这些……

浪潮来袭——2010 年

我想试试咨询。

尝试点什么。

因为那种情绪在我心里翻腾不已。

门开了,橱柜塞满了,水壶里的水溢出来了。

我需要帮助。

我在谷歌上搜索,对着互联网大喊"快帮帮我"。我不知道自己需要什么,我只是想找一个可以说话的人。我肯定会谈到父亲,但我不会大声说出来。悲伤仍然隐藏在文字背后,压力重重,疲惫不堪,我看得清清楚楚。

我想找一个丧亲咨询的专业人士,可同时,我又怀疑自己是否真的想和这类人谈话。

找到一个!就在拐角那边。

我走在去咨询的路上,感到一阵阵恶心,我不想去。我强迫双脚向前移动,最近,我时不时需要命令双脚,它们才能动——走上舞台、走进派对、走去试镜,用意念命令它们前进。也许这是我在他去世后才学会的——不停地走。我知道如何向前走,也知道该怎么做。不管什么事，我都可以不停地做完。

她的诊所就开在家里。我为什么要选一个离家这么近的诊所呢？

又要从这栋房子前走过了，干脆就约她在地铁站见吧。

走进别人家，跟人说自己的感觉不好，真叫人难受。

她肯定觉得我很悲惨，甚至精神都出了问题吧。

我不知道该从哪儿开始。

"他死了？已经死了？我很难受。就是这些，感觉不太好。"

除了"新近丧亲"这个称谓，现在还要加上焦虑、紧张、翻来覆去地想同一件事、肠易激综合征、持续地恐惧这一连串标签。这些问题是不是二十八岁的人都会遇到，其实与父亲的去世无关？可怜的父亲啊，总是背锅。

我没法进行清楚准确的表述，只能磕磕巴巴地扯东扯西。

她一直在听我说，这时，我的注意力转向了她。不光是注意，我开始仔细审视她。她长着一头黑色卷发——超级卷的那种。我也有一头卷发，这可不是1955年，现在能买到含硅酮的洗发水，大家都知道啊。

她的眼线也很夸张，为什么我会为此抓狂？她想画那种浓密的黑色翼状眼线，但睫毛上方有个缺口。我怎么回事，不是来谈论死亡的吗？不谈正题，却在想她的眼线，为什么啊？她难道都没检查一下吗？在家工作，肯定有镜子，走过的时候没再看一眼？我该怎么和她谈论死亡这种严肃的话题？我该怎么跟一个连眼线都画不好的人说"想了解人死后去了哪儿，还活着的人应该怎么办"？这也是人之常情。她的无能已经证明她不可信。如果她连这些最基本的事都做不好，她的朋友也没告诉她实情，连她丈夫都没有足够爱她到直言不讳地说"亲爱的，这妆容看起来太怪了"，我又怎能对她敞开心扉，倾述那堆烦心事呢？

她还在听。但我没有。

她尽职尽责地扮演着咨询师的角色：头稍稍歪向一侧，坐在奶油色的宜家椅子上，低矮地向后倾斜着，脸上没什么表情（除了眼线，天哪，我在干吗）。

糟糕，我听到了小孩的声音！是她的孩子。

我完全没想到，她成家了，他们就住在这儿。他们不介意吗？他们会觉得这很奇怪吗？他们会看到我吗？我正在说话，但不知道自己说了什么。她轻轻地点头。

地上铺着一块羊毛地毯——两边都有流苏的那种，使这屋子看起来像是学生的卧室。我正在剖析她，一点点打探她的生活，仔细审视她，这样就不用关注自己的生活了。

我们终于聊到他了。死亡、悲伤——我不会说这些，我习惯说笑和随口评论，我要处于控制地位。

我吓坏了。一想到要开始谈论他，我就泪如泉涌。连话都不会说了，只是一个劲儿地流眼泪，不是大哭，而是像打开了水龙头那样。我既尴尬又困惑。我这是唱的哪出？不是已经过去好几年了吗？为什么现在又崩溃了？

一个星期后，我又命令自己的双脚向前移动，去接受第二次疗程。

此后，我就能说已经努力过了。

没人能说我拒绝尝试了（就像上次那样）。

完事后，我走出她那间家庭治疗室的时候，感觉很麻木。

外面很冷，天色暗下来，天空已经变成灰蓝色。我感觉双脚像灌了铅一样，几乎无法抬起来。命令双脚向前移动，我不是最擅长这个吗？我看明白了，她想让我慢下来，她把一切变得更糟了。是的，谈论使情况变得更糟了。

那天晚上我有场演出，可我太伤心了，没法强撑下去。我甚至感觉不到自己的皮肤，又像回到了死亡发生之初的心境。太可怕了，一切都失控了。我没法说笑逗乐，无法掩饰，不能将自己隐藏在角色中。如果悲伤能幻化成人，此刻的我就是那个人——巨大的悲伤。糟透了。

我开始怀疑……也许我还没准备好谈论它。

发件人：卡里亚德·劳埃德
主　题：回复：预约
收件人：这段插曲中的咨询师
日　期：2012 年 10 月 17 日，星期三，18:34

我刚发现周五和周一要拍戏，所以这几天不能过去了。

另外，我想暂停一下。你帮了我很大的忙，但我感觉自己还没准备好谈论一些事情，我想先给自己一些时间，等准备好了再继续。

谢谢你提供的咨询，非常有用。

致以最美好的祝福

卡里亚德

这不是真的。

是真的。

确实如此。

不是真的。

真的，但我当时还不知道。

第五章

什么能帮你渡过难关

但我们称呼它为"兰巴斯"或是行路面包,其滋补的效用比人类制作的任何食物都要好……一次只吃一点,只在肚子饿的时候吃,因为这些东西是协助你们度过粮食断绝的情形用的……只要一块,就够让一名旅者步行一整天,进行许多耗费体力的工作,即使是米那斯提力斯那样高壮的人类也不例外。

《指环王:护戒使者》

托尔金

我是《指环王》的骨灰粉,希望这不会让你立刻放下这本书。我之所以喜欢它,是因为它讲述的是通往末日山的史诗之旅,虽然大家都不想去,但知道非去不可。还有什么比这能更好地代表悲伤呢?在漫长的旅程中,霍比特人需要补给(通往末日山的路上可没有什么外卖），所以精灵会送给他们一种叫作"兰巴斯"的神奇饼干。在山穷水尽之时，他们只需要吃上一小口，就能获得继续前进的力量。

应对悲伤的难度不亚于此，所以我们也需要"兰巴斯"。每当感觉再也走不下去了，就把手伸进背包，找到那个支撑我们继续前行的神奇东西。就我个人而言，这个神奇的东西就是交谈。从接受治疗到与我爱的人们交谈，再到创建一个谈论死亡的周播播客——交谈就是支撑我不断前行的"兰巴斯"。也许它没有电影中的"兰巴斯"那么神奇，也没有巧克力燕麦饼那么美味，但它真的能抚慰人心。

我认为，悲伤者需要的（也是社会难以提供的）其实就是一个空间，在这里你可以谈论逝者，说出他们的名字，记住他们的优缺点，用语言代替蜡烛照明，你可以永远记住他们，直到你自己离开人世。如果你能为自己找到这种美味又神奇的"饼干"，就能更从容地承受悲伤。它可以帮你了解那沉重的行李里有什么，让你明白在重返霍比屯（霍比特人居住地）的路上应该丢掉哪些东西。

寻找我那块"饼干"（没错，我要继续用"饼干"这个比喻）的路既长又短。我天生爱说话（我收到的每一份学校报告都少不了"让我少说点话"的评语）。我们家的信条是：沟通不仅很重要，而且有助于家庭团结。可以说，我从小到大都在接受这样的训练：要大胆说出自己的感受或情绪，这对于一个家庭的平稳运行至关重要。我们会定期举行家庭会议，每周日全家人围坐在那张可伸缩的桌子旁，讨论各自关于未来的目标、想法或梦想。有一次，我找到一张纸，上面是自己四岁时写下的目标（练习芭蕾；把鞋子收好）。我们劳埃德家的餐后会议并不张扬，父亲始终认为，沟通即连接，他基本上以父亲或首席执行官的身份来主持会议。我们会坐在那里，大嚼周日午餐——烤鸡，幸运的话，会有火鸡卷，接着，谈话开始。我家的人喜欢讨论事情，直到现在依然如此，讨论对我们来说是一种消遣，就像其他家庭喜欢徒步旅行或拼图游戏一样。

因此，在他去世后的几个月里，我们一如既往地交谈，谈论他，说着他的名字，我也从不觉得要把悲伤藏好并继续前行。母亲、哥哥和我创造了一个可以表达悲伤和宣泄情绪的地方，所有人都可以哭泣、感受、提到过去的某次争吵或某段回忆，比如他曾经的种种表现、他的失礼、他在我们的朋友面前放屁后毫无愧色的样子——无论是缅怀还是批评，我们都可以畅快地表达。每次都是以笑声结束——大多数情况下是有意为之，因为我们不想以悲伤收场。

最重要的是，我可以随时回到这里。作为青少年，我经常无法准确地描述自己的感受，但这并不妨碍我宣泄情绪。母亲（谢谢你）忍受了不知多少次大声谈话（或称大喊大叫）。她永远是稳定人心的主心骨，允许我情绪化，允许我断断续续地表达，如果我只是为了愤怒而愤怒，她也全盘接受。我们有时分开，但不久又聚到一起,这往往是因为我们当中的某个人又经历了全新的痛苦。我看过哥哥哭,也见过母亲哭。我们都会哭,直到哭泣最终变成笑声——"如果你不笑,那就只能哭",我们一遍遍地说。虽然这并没有消解我作为一个青少年所遭受的痛苦和困惑,但我知道,只要我想说,只要我能说,他们就会在那里,听我说。他们就像一种沉重而又坚定的存在,即便我没法什么都告诉他们,也没关系。我知道那个安全空间的大门永远向我敞开,正是这给了我继续前行的力量。

《悲伤播客》开播后,我收到了很多听众的电子邮件。得知有些人从未和亲密的家人谈论悲伤时,我震惊不已。有位听众写信告诉我:在他小时候,父亲死于一场惨烈的事故,但他从未对妻子说过这件事。还有些人小时候失去了父母,结果其他家庭成员决定以后谁都不许提及逝者,他们不得不接受这样的安排。很多人都提到了类似的痛苦记忆:不许再提逝者的名字或往事;被迫把死亡这件事抛在脑后,表现得好像那个人没死或者从未存在过一样。我还收到很多人的信息,他们讲述了全家人如何默默地承受悲伤,再也不过生日或忌日,简言之,不许逝者出现在现实生活中。我节目的嘉宾也有相似的经历:要把悲伤藏好,甚至禁止提及那个人的忌日——最后,因为太久不提及,以至于彻底遗忘了。

人们悲伤的方式各不相同,如果你选择默默承受,当然可以,主动选择与被迫接受截然不同。作家理查德·比尔德写了一本绝好的书——《失踪的一天》，它讲述了孩提时代他的兄弟尼基在海中溺亡的故事。理查德说尼基死后，家人基本上没谈过此事，这种"避而不谈"对他的记忆产生了影响。

理查德·比尔德

我不知道尼基的尸体最后有没有找到，我不知道那件事发生在哪一天，我不知道是在哪个月，我也不知道发生的地点。我四十五岁左右时回想这一切，觉得简直太荒唐了。除了十几张照片和他放在母亲棚屋里的旧板球拍，我对他一无所知。

最后，就连我家也是如此，我们谈得越来越少，就好像该说的都说完了一样。情绪、感受都分析得差不多了，就只剩各自的悲伤，而这只能自己承受。接着，结婚、生子、比过去的伤痛更紧迫的事务变成了我们谈话的主题。我感觉母亲和哥哥已经与这件事和解了。我也渴望向前看，但总有些事情令我不得不回头看。我无法感受到平静或和解。我依然悲伤，不是每天如此，但经常如此，往事仍令我痛苦不已。我不是把要说的都说了吗？为什么还想说？那感觉就像舌根痒痒。不，还没结束，我还有话要说。

2016年的一天，我在路上想："如果我开个播客，和别人谈谈死亡呢？"下一秒我就嘲笑自己，这是多可怕的想法啊。但它在我脑子里挖了个洞，拉来一把椅子，就坐下了。

具体要怎么做？就直接问别人关于死亡的事？还是重复我之前的方法——到俱乐部里偶遇，等待另一个人想倾诉悲伤的黄金时刻到来？我们都长舒一口气，放松下来，终于等到一个人愿意谈谈而不是掉头就跑。找到那些理解你的同道中人，把故事讲出来，说出逝者的名字，大声说"我父亲去世了"，这样就不会感到那么孤独了。我想，如果可以这样，如果能和别人谈谈他们的悲伤故事，也许其他人都能从中得到些安慰？

就在这个想法形成时，我怀孕了。我的首要任务变成了好好规划生活，而不是做一档让人压抑的播客节目。我告诉自己，行不通，于是，我放下了这个想法，将它搁置。但就像我体内的胎儿一样，它不断长大，踢打我的五脏六腑，直到我再也无法忽视它。最终，我屈服了。好吧，就先录一些聊天……录下来，然后放在一个地方，到此为止——因为我马上要生孩子了！

《悲伤播客》诞生了。我发现那些谈话跟我从十五岁时开始的谈话相比，唯一的不同是，有了麦克风，这让谈话得以永存。终于，我和他人的交谈被记录了下来。我可以提出更多的问题，可以表现得很好奇，比如："可你是怎么挺过来的？""你当时是怎么做的？"嘉宾也都想聊聊，他们想哭、想记住……大家都同样渴望交流。

从第一集开始，我要求每位嘉宾大声说出自己失去的那个人的姓名，我希望逝者也和我们在一起，而不只是我们自己在这里悲伤不已。我希望节目能反映出我的个人经历：一团充满悲伤、快乐、痛苦、愚蠢、趣味的乱麻一点点被解开，眼泪逐渐变成笑声。我希望大家都能诚实地谈论好的一面，我们并非为亲人的离世而高兴，而是要让大家看清悲伤的真相。这些谈话的后效应令所有人都深感惊讶，你可能以为追忆往昔一个小时会让嘉宾感到悲伤或沮丧，可事实并非如此，有时间讲讲自己的故事会让他们感到更轻松和平静。在这一个小时的时间里，他们能够理直气壮、毫不尴尬地谈论那个人，也无须害怕房间回响着关于死亡的谈话。相反，我们向死亡敞开大门，并奉上茶饮和糕点。事实上，我们放声大笑的次数比大家想象的要多。我们发现了共同的故事和痛苦。当然，每次都不一样。每个人的那团悲伤乱麻都只属于自己，但能彼此看见，认识到大家都在跟自己的那团情绪搏斗，这感觉真好。

我就是聊聊天，这是我对自己撒的一个谎。谈话的主题不是我，可我还是聊了很多，关于父亲还有我的悲伤和痛苦……接着，这些谈话产生了一个意想不到的后果——每周一次的悲伤会议开始起效了。不知不觉中，一周过去了，又一周过去了，我不停地谈论父亲，这很有帮助，我觉得自己正在被这种谈论治愈。这么多年以后，他终于不再是那个难对付的不定时炸弹了，他变成了一个我可以轻松谈论的人。并且在谈论他时，我不再感到脸颊灼热、喉咙干涩。我如释重负。当然，事情并不总是这么顺利。有时，我还得强忍泪水，使劲儿攥拳，直到指甲陷进肉里，心里想着"请让我远离这种悲伤，我不想这样。让我回去，回到无视它的时候"。但我知道再也回不去了，因为悲伤其实已经不是个选择题，而是个必做题了。

就这样，每周我们都见面交谈，嘉宾说的话总能拓展我对俱乐部的看法，他们讲述的悲伤我此前从未想到。我看到自己的理解是多么狭隘，我根本算不上"悲伤女王"，我只是悲伤领地的一个过客。后来，我们开始在播客里谈论不同的悲伤：流产，自杀，失去新生儿、朋友、兄弟姐妹、继母；失去给予你父母般关爱的祖父母，父母让你失望，遭遇残酷的痴呆，心脏病发作时猝不及防；各类癌症如何一点点蚕食患者。我还采访了死亡行业的人士，其中有死亡专家、丧葬服务专业人员和姑息治疗师。我和持有各种观点的人谈论奇怪的死亡和悲伤过程。我感受到被认可的喜悦，甚至可称之为幸福。我觉得这才是我梦寐以求的聚会，播客里挤满了悲伤的人，我能随意跟他们谈论我内心呼之欲出的想法。有些人的悲伤让我感到害怕，他们的悲伤是如此深切和惨痛，以至于我不知道该如何提供帮助。所以，我不再试图寻找共同点，只是倾听。但即便只是聆听，也对我有帮助，这就是我一直坚持做播客的原因，我感觉不那么孤独了。我不断意识到这是一个规模非常大的俱乐部，大到你无法想象。我们都在其中，不管怎样，大家都在努力活下去。

接着，我收到了来自世界各地的电子邮件，各个年龄段的人述说着各类悲伤。不光我自己和嘉宾感觉好了，播客的听众也在受益。得知别人也有过类似的经历，听众松了一口气，感到安慰，一如当初的我。其中，既有简短、亲切的信息，也有篇幅更长、细节丰富的信件。他们经常会在结尾写道：你不需要回复，像这样写出来已经是对我的帮助。我明白了。一位女士发邮件说她和母亲闹翻了，后来，她的继父去世，她不理解母亲的悲痛，以为母亲只是沉浸在悲伤中，她不明白悲伤会对一个人产生怎样的影响；她听了播客，然后给母亲发了电子邮件……现在，母女俩又恢复了联系。另一个人发邮件说，自从姐姐去世后，她就觉得自己精神崩溃了。但后来听了播客，她意识到这不是崩溃，只是太悲伤了，此外没有任何问题。她清楚自己目前的状况不太好，但她会好起来。还有一位听众发邮件说，他在父亲去世前就开始听播客了，这一路走来很艰难，但听我们分享故事帮助他做好了准备。虽然这并不能消除痛苦，但他知道自己不会独自承受这一切，他感受到了与人连接的力量。很多人的留言提到无法谈论死亡和悲伤给他们带来的痛苦。时至今日，我还能收到这类邮件，我也依然会读它们。

我不再是一个人了，我从来都不是。父亲在我十五岁时死于胰腺癌，这件事不再显得那么奇怪。有一位新西兰的年轻女士写信告诉我，"我们的经历几乎一模一样"，她的父亲也死于胰腺癌，而且她当时也是十五岁。你看，就连处境也不再是孤立的。我明白了，死亡始终如影随形，一直都是。我们谈论它，让别人听到这些想法和感受，我觉得这很有用。效用堪称一流。

倾听别人的故事，帮助我们建立连接。当我们发现彼此的经历相交时，我们便不再隔绝、不再孤独，我们不再是唯一的心碎者。发生在我们身上的事也并不奇怪，也称不上不公平，而是人之常情。生而为人，就免不了悲伤，这是你为生活付出的代价。

《悲伤播客》开播的同时，我又开始了治疗。终于，我攒够了勇气，决定不再只是谈论悲伤，而且是在专业人士的指导下审视悲伤。治疗并不适合所有人，但它切切实实地改变了我，帮助了我，甚至可以说拯救了我。我在治疗室里无处可躲，我也不能把问题抛给嘉宾，也不能开愚蠢的玩笑。每周，我们都会打开"盒子"，把里面的悲伤倒出来。那乱作一团的可怕情绪，到处都是。

起初，我很震惊，悲伤竟然装满了一个盒子。它怎么还在那里？我把它严密地封在里面，以为它终会枯萎而死。可它一直在等待。悲伤就是这样。我哭啊哭，哭个没完，哭着承认：是的，我仍为很多事感到难过。我能够承认这一点，全得益于与那些同样陷在悲伤中、不时会大哭的嘉宾的交谈。在我踏上悲伤旅程之前，他们就跋涉了二三十年，他们让我明白这些言行很正常；如今，我也允许自己把这一切正常化。每当我和俱乐部"新人"交谈并看到他们的痛苦无助时，我都会想起我自己的苦痛。他们会试图抹去悲伤，不断重复着"我现在没事了，全好了"，以此来让悲伤消失。我看到他们一次又一次地使用这个伎俩，但他们最终都失败了。作为这个"荒凉的村庄"里与悲伤打过多年交道的前辈，我想给他们一些建议：别急着冲过去，也别想着逃避，这些行不通。看看我，二十年过去了，我还在这里，每周还会感觉伤心欲绝。

我的治疗师在房间里养了植物。一周后，我看到一株名为"少女的发丝"的蕨类植物。我家也有一株，虽然我平时很会侍弄花草，但它还是死了。"少女的发丝"很难伺候。但治疗师就是不肯放弃，把它移动到各个位置：窗台上、书架上、背阴处、阳光多的地方。对此，我从未发表言论。每周，我都会看到这株娇嫩的植物摇摇晃晃，它虽然看上去仍然不精神，但总归还活着。它简直就是我的写照。

如果我开始与人交谈，并被问到那些我不敢回答的问题，我该怎么办？这是我对治疗最大的恐惧，也是我长期以来一直回避治疗的原因。盒子一旦打开，接下来会发生什么？我总不能把熊放出来，然后假装什么都没改变吧？我感到危险在逼近。我害怕自己，害怕自己的悲伤。但每周我在采访新嘉宾时，盒子里的东西也会释放一点。交谈后，我的安全感增强了，因为我知道自己并不孤单，这反过来又促进了我的治疗——直到我们最后把盒子完全打开，我哭了，鼻涕、眼泪一块儿流下，就像那次在布莱顿海滩上一样；我哭得撕心裂肺，感觉人都要裂开了。我心痛，眼睛也痛。当我意识到父亲的去世仍会让我痛苦时，我愤怒了，怎么会一点好转都没有呢？可我一直没有直面它，而是选择忽视，以为它最终会放弃并消失。但它并没有。

所以，才有了今天的局面：我在治疗室里再次感受到它的存在，但谢天谢地，这次我不是一个人。治疗师帮我渡过了难关。只有当我打开盒子，把悲伤全倒出来时，我才得以带着好奇和善意去仔细审视悲伤。"啊，那是什么……他临终时，没来得及和我好好道别。也许，这对他来说太难了。又或者，我那会儿还太小，才会感觉这么难过。真的就是那样。我的情绪就是从那儿来的……"

我们边聊边解开了那团乱麻，又把它重新卷成一个球。之后，我会深呼吸，感到悲伤正在消散、改变，不是完全消失，而是逐渐褪色。而这又让我很难受，因为要放下那些已经背负很久的东西，无异于另一种失去，我舍不得，我已经失去那么多了——关于他、关于回忆、关于自己、关于我以为我知道的那些事情。最终，我放下了十五岁时那个悲伤不已的我认定为事实的全部事情。我开始从当时的视角而非现在的视角去看待它们——它们并非普遍真理，而只是我借以从那种可怕、可悲和无意义的境况中活下来的真理。

后来，几周的谈话延至几年，我离开房间时感觉还不错。这次是真的还不错，不是棒极了，也不是糟透了，而是些许麻木、不错和悲伤交织在一起。但我可以继续生活了。我意识到我正走过痛苦地带，我在努力——我真得努力才有可能走出去。这向我证明了一点：我可以随时停下，再重新开始。我可以悲伤一阵子，然后暂停。多年来，我一直认为，一旦我打开那个盒子，开始回答这些问题，我就会一直受伤，事态将变得无法控制，眼泪会将我淹没。这种恐惧摧毁了我的一切希望，我什么也不敢做。于是，经过漫长的旅程，在多次尝试并遇见对的治疗师后，我现在终于看到了可能。打开盒子……然后再关上。直到下周，再与嘉宾、听众、治疗师交谈，探索我的悲伤，倾听他人的故事，学到点什么。悲伤真是个奇怪、美妙而又复杂的过程啊！

从没人因为我的悲伤而嘲弄我，也没人把门砰的一声冲我关上。可为什么一向健谈的我，觉得很难去谈论那些最痛苦的回忆呢？答案当然在于我父亲。他天生健谈，可生病后，他开始拒绝说话，也不愿讨论任何事。这个曾经不停地骑自行车、跑步、工作、吃饭且永远生龙活虎的人，正在走向死亡。

他知道自己快要死了吗？他看上去不相信这是真的，我也不相信。即便在他生命的最后几天，我们坐在医院的癌症病房，身边不断有人死去时，他依然拒绝谈及死亡。我感到难以置信，同时困惑不已。终于有一天，母亲求他对葬礼说些想法，比如他想要什么，我们应该怎么做之类的。"彼得，"她一遍遍地哀求，"求你了，说点什么吧。"

他看着我——他那个永远在场的孩子或助理，叫我写下他的计划。"去拿支笔，"他说，"我们先去波士顿参加那个会议，然后去芬德霍恩（位于苏格兰的另类生活社区）。"他看着我的时候，脸上出现了那种"我没有照他说的做时"一贯的疑惑又厌烦的表情。我记得自己当时不住地搓手，希望哪个成人能站出来，因为我不知道该怎么应对这种局面。他是我的家长啊！难道他不应该是我们俩之中更理智的那个吗？

终于，我在治疗中提到关于他患病最深刻、最黑暗的一段记忆。治疗师问我："你试图跟他谈话时，他病得有多重？他服用了多少药？"当时，我有没有想过他那一刻的感受？

我心痛地意识到，我没有。这段记忆变得如此痛苦，我无法再前进一步。我的悲伤被那个十几岁女孩的自负包裹。多年来，他沉默并且从来没和我说过他即将离开人世，我一直对此感到愤怒。治疗师帮助了我，让我不要再责怪他。她的提问迫使我以成人而非青少年的身份重新思考。父亲当时肯定也吓坏了，他已经四十四岁了，是家里的顶梁柱、丈夫、两个孩子的父亲，也是儿子、兄弟。生病之前，他一直表现得非常健康，他跑马拉松，参加铁人三项，还在备战大铁世锦赛。突然之间，他没法走路了，呕吐不止。病情恶化的速度之快对他来说该有多可怕啊，作为旁观者的我们同样感到害怕。在很长一段时间里，我没法理解他的沉默，认为他是个成人，应该主动开启对话。但现在，同为成人的我理解了：也许，他真的没法做到。同时，我也明白沉默能带来如此深的伤痛。当我们无法讨论并揭示真相时，内心就会被自己以为的"逻辑"和恶毒想法填满。他当时要是能跟我谈谈该多好啊，但他可能就连谈谈都做不到。当时如果我们能用别的什么方式谈谈也好啊。要是我知道怎么在难以开口的情况下和别人对话就好了……

时隔这么多年，我仍感到如此痛苦，这让我震惊（如果有人对你说，时间会解决一切，别信他的）。我哭了，因为我们没有说再见，他没给我留下任何临别赠言，就好像话才说到一半就走了。死亡从来都不是干净、小心的，并不伴以洁白的床单和花瓶里的鲜花；它是乱糟糟、令人困惑的，并伴着脏兮兮的床单和无法承受的痛苦。

我花了二十年时间才把门给"炸"开，看到了被我一股脑儿塞进去的烂摊子。我当时感受到的情绪太可怕，以至于我不相信自己还能再看一眼并活下来。但我做到了，我再次看了看我的悲伤；熊并没有吃掉我，悲伤也未把我整个吞下。我哭了，但没被泪水淹死。我必须和其他人谈谈，才能获得发现真相的勇气。这个过程绝非没有痛苦。说实话，打开盒子，看到过去的自己，看到她还坐在原地、深陷痛苦之中，真让我难过，但这是唯一的方法来帮我面对那些痛心的失去。承认悲伤乱麻还在那里，为我的发现哭泣，然后意识到我不再需要它了。为磨掉它的棱角，请允许它逐渐褪色。我原来以为悲伤停滞不动，但治疗为我指明了另一条路。

直到我接受谈话治疗，我才知道悲伤可以改变。我的家人一直（现在仍然）很了不起，与他们的谈话帮我度过了死亡发生后最煎熬的几年。但要想治愈更深层次的悲痛，我必须接受专业治疗；在那个安全的空间里，我可以展露脆弱的一面，获得指引——这改变了我的人生。

卡约·钦贡伊

诗人。卡约年轻时，其父母均死于艾滋病并发症。

我感觉治疗师能帮你找到"黑匣子"，因为在那个困难的时刻，你已经完全失去对一切的感知。通常，当创伤来临时，身体会本能地想办法在当下或之后的一段时间内保护你免受伤害，比如你会疏远他人等。问题是，如果那个人真的已经不在了，这种保护其实不堪一击，因为你时不时就会与现实狭路相逢。

查理·拉塞尔

演员。查理十八岁生日时，母亲死于双相情感障碍和酗酒。

我得去，因为我没法睡觉。我告诉自己：我现在睡不着觉，得去咨询医生，这与母亲的事无关。接着，那股情绪就出来了。我认为每个人都应该接受治疗，无论生活中是否遭遇大事，就把咨询看成去健身房，只不过咨询是为了你的心理健康……我对别人没处理好情绪感到非常愤怒。"为什么我总是感觉沮丧和紧张？我还睡不着觉，哦，我肯定疯了，崩溃了。"其实，心理咨询让我意识到，行为都是有原因的，这没什么丢脸的。

我注意到自己不常在播客里谈论他了。当然，他偶尔还会出现，但我不怎么需要过多地谈论自己的悲伤了。我过去总是没完没了地谈论他，现在，不需要了。一直谈到不想谈为止，这也是所有悲伤者想做的。就像别人能"闻见"我们的想法，我们会一直说个没完，但不知道什么时候想结束。别人对此感到害怕吗？我没法去墓地或是一座让我感觉舒服的教堂缅怀父亲。谈话、放任自己的思念，就是我的教堂。我在很多嘉宾身上也感受到了这一点：他们可以说出逝者的名字，大谈特谈一个小时，在语言编织的世界里，再次感受逝者的活力。只是这样谈谈，已经算得上神奇了。我们把那个人凭空变了出来，像拜访老朋友一样与其"重逢"。

心理治疗对我的帮助实在太大，所以，有时我对它的热情堪比某人皈依新教。有一次，我甚至问伟大的朱莉娅·塞缪尔（我们在播客上称她为圣朱莉娅——悲伤心理治疗师、《悲伤的力量》一书的作者），如何才能说服有些人接受治疗。她严肃地看着我说："有些人不需要治疗，因为治疗并不适用于每个人。"我对她的话深信不疑（她是个圣人般的存在，跟这类人在一起得虔诚）。这也让我意识到，我的顿悟一刻只属于我，正如我的悲伤是一次独一无二的经历。如果一想到要与专业人士交谈就浑身不自在，别担心，还有其他很多方式帮你与悲伤建立连接：写博客、日记，阅读自助类书籍，听播客，或者最古老的那种——和一个真正关心你、愿意聆听你的人边喝茶边聊聊那位逝者。重要的是这种连接，并认识到我们都需要一个空间来梳理悲伤。

最终，我的悲伤变成了我原以为绝不可能的样子：它变得更加平静，成了我的一部分，不再总是冲着我"嘶吼"了。我也终于明白,一些嘉宾所说的"不再哭了"是什么感受。这种可控范围内的悲伤对我来说很陌生。我把该说的都说完后,明白了何谓平静的悲伤。当然,那个悲伤的烂摊子仍跟着我,就像一只好斗的狗那样尾随着我,永远在场,但它不再无法无天了。我也不再感到羞耻,不再反抗了。

《悲伤播客》仍在播出,我的治疗也在继续。终于,我不再只盯着过去的悲伤,而看到了其他真相,看到了那些我之前忽略的事情,看到了因为害怕而尚未审视的记忆。我了解到一些有关他的不好的事情,难过了一阵,但很快就平复了。这些都对我有帮助。之前的我只顾长久地盯着"炸弹爆炸的中心",而忽略了其他所有,我只看到事件本身、悲伤、死亡、痛苦。而现在,我放手了,不再通过死抓着它们来确保它们的安全,我终于看到了全貌——他、过去的自己、我的悲伤。知道了自己从何处来,我可以大胆走向未来了。

嘉宾录制节目后会给我发邮件,说谈话唤起了他们的某些回忆,他们突然想起了此前忽略的细节。在一个小时的聊天过程中,逝者仿佛又和我们在一起了,我们的叙述让逝者"活过来了",逝者就"在"那个房间里。我懂了。我在现实中没能和他完成的对话,如今通过聊天完成了。这些谈话简直有奇效。但谈话并不适用于每个人,也绝非唯一的答案,找到并捍卫你自己的悲伤空间(无论以何种方式呈现)都有帮助。如果现实社会更开放包容一点,少些恐惧和担忧，也许我们就能敞开心扉，直到把该说的都说尽。这听上去可能很天真，但也许正是悲伤者最需要的。

拿上兰巴斯，必要时咬一口；如果没有它，弗罗多不可能到达末日山。而你要面对的不仅是人类的贪婪和巨型蜘蛛。你不可能轻易打败并遗忘悲伤。你不大可能找到"神奇饼干"，但当你准备好时有类似的东西会提供帮助。一直聊下去吧，直到你觉得把想说的话都说了，直到你能接受那个曾经鲜活的生命已经不在了，直到你理解了死亡及其意义。你可以自言自语，也可以跟笔记本、朋友、治疗师、墙、录音机、观众谈论，去接受心理治疗、眼动脱敏与再加工、认知行为治疗。你完全可以大声说出来。那个人走了，你还在……希望交谈能让那个人多"陪"你一会儿。

全是黄色

我慢慢记起他没生病时的样子。

就是那么一天,这个画面出现在我的脑海中。在此之前,我记忆中的他,全身都是黄色的。他的肝脏最先受损,这才发现了他胰腺中的癌细胞。因为当时在检查他的肝脏,在胰腺癌患者身上发现点什么很正常。这个病很狡猾,症状不多,一旦发现,往往为时已晚,就像一张粘在沙发后面的旧钞票一样——你已经错过了最佳机会。

他的眼睛变黄了。黄色是阳光、向日葵的颜色,是幸福的颜色啊……但在这里,颜色更偏向姜黄,把他染色了,就像癌细胞一样在他全身扩散。最后,他因肝脏问题住院了,然后做了更多检查,开始进行胰腺癌化疗。我完全搞不清楚,甚至不知道胰腺是干什么用的。

久而久之,我意识到那是一种创伤后应激障碍。关于他的所有记忆会突然闪现,他病入膏肓,奄奄一息,慢慢变黄,被掏空。黄色从此扎根在我脑海中的投影仪上,就像阳光照射在眼睛上,每天一遍遍地播放。眨下眼,它在那儿;呼吸间,它在那儿;睡着了,它还在那儿。生病了,变黄了,病情一天天加重。

奄奄一息,在我面前一点点死去。

那八周的记忆足以抹去之前的一切。

我的现实变模糊了，一切都围绕着他的疾病和死亡扭曲着、重塑着。

最终，我接受了。在这一世，他已成了一个患病的父亲、一个垂死的父亲、一个死去的父亲，我们再无可能相见了。

接着，现实就消失了。再然后，过去又回来了。其他那些记忆回来了，从变成黄色之前开始。

我们在那儿。他在那儿，在追我，给我当马骑，读书给我听，不停地读。我碰到不认识的字时，他坚持让我查字典。我只好把字典拿下来，学习如何查前三个字母，然后搜索整个单词，直到找到它。好啦，学会了一个新词。还有，我总也记不住"忧郁"（melancholy）这个词，他和我都感觉挺挫败。要怪就怪"melon"，一个包含"甜瓜"的词怎么会是"忧郁"的意思呢？甜瓜多好吃啊。

患病的这段过往成了故事中的一页，而不是全部。我花了好几年的时间，才又看到开篇。那个总是大声说话、体味儿很重、弄出很大响动的人，走了。他不在这里了，屋里再也没有他下楼时运动短裤摩擦的沙沙声，也没有他蹦上楼时的哒哒声；我要是做对了什么或者记起之前查过的什么，也没人对我说"这孩子真是绝顶聪明"；再没有人面对一桌子各色咖喱菜肴大嚼特嚼、弄得到处都是米粒了。

他不在了。但他曾经来过。

第五章　什么能帮你渡过难关

浪潮来袭——2012 年春

我们将在五月结婚。我想要个春季婚礼,我想要春花烂漫。

在我看来,六月不算春天,加之要避开四月,四月是死亡之月,所以只能是五月。这意味着要先过父亲的忌日,而后才是婚礼。

要先过了这一关,才能开启新生活。

我本以为这很容易,毕竟已经准备了那么多年。父亲在我十五岁时去世,我当然清楚他不可能参加我的婚礼,所以早早就开始准备。可这并没有起作用,我依然觉得没准备好。

看着日历上的那个"大日子"一天天临近,我的内心陷入慌乱与震惊。

婚礼本身就让人有压力,何况是一场浸透悲伤的婚礼。悲伤四溢,就像墨水一样,毁了我那件复古白裙。

我不停地争论、失控。

我坐在租来的小公寓的床上,和未来的丈夫吵个没完,我也不知道自己怎么看什么都不顺眼。柔和的光从女房东那褪色的印花薄窗帘里透进来。我哭了。忧虑遍布全身,我的骨骼、牙齿、眼睛、神经、舌头、脚都在担心。我成了焦虑的化身，被紧紧包裹着。

我感到渺小而羞愧，极度悲伤和痛苦。虽然已经二十九岁了，把十五岁远远地抛在了后面，可悲伤仍像刚发生时那样。它早该变淡了，不是吗？我也该跨过这道坎儿了，不是吗？

我意识到我不想结婚，因为那太成熟了，是成人干的事，属于理性、拥有自己的盘子并缴纳电视许可费的成人。那不是一个十五岁的孩子该做的事。我怎么可能是那个成人呢？如果我是成人，他就死了。他死了，不是吗？

这不是很傻吗？可我不傻，甚至算得上很聪明。我懂政治，读契诃夫，还能假装说法语。可在我头脑深处——最深处，我说服自己相信他没有死。我知道他死了，但它不是那种绝对意义上的死，你明白吗？就只是……死了，你知道我的意思吧。

我感觉记忆就像被烧焦然后烙印在脑子里。他死的那一刻就像发生了大爆炸，爆炸声大到让我的耳朵嗡嗡作响。从那场爆炸中活下来的女孩真实存在，她还活着，她感知的一切仍然触手可及。我还能尝到1998年的味道。那是真的。我还盯着坐在沙发上、要跟我说话的父母；我还把东西塞进嘴里，不让他们听见我在哭；我仍然抓着救命稻草，不知生活将走向何方。我把这些都保存了起来，把果酱糖霜倒在上面，然后封存在罐子里。

而现在，那个倒霉的时候到了。真是倒霉透顶的时刻。大步向前。嘲笑我。

如今，我到了这里，2012年了，我不再是十五岁了。我快三十岁了，要结婚了，在做我想做的事，现在的我比以往任何时候都更想念他，因为我又一次成长了。

离开，离开，我要离开。

在每个幸福的里程碑，每次勇敢地跨出一步，每次感到快乐，我都痛苦万分。因为他不在了，不知道了，永远也不会知道了。一切都糟透了。太痛苦了。

哥哥牵着我走过了红毯。我在登记处结婚，所以哥哥其实就是送我进了门。我们正等着的时候，登记员探出头来说："准备好了?!"不过，他说话的方式和语气太奇怪了。

无须和哥哥对视，我就知道我们俩都注意到了。我们大笑起来，笑得歇斯底里。我的朋友正在屋里等着，听到响动，还担心我们是因为父亲不在而大哭起来。但他们哪里知道，我们其实是因为登记员说的"准备好了"而又哭又笑呢。

有时感觉还好，有时挺有趣。有时他不在，然后又在。死了，又没死。

我在这里。我在向前走。我感觉好多了。我痛不欲生。我很好，我在这里。

第六章

◈

如何与悲伤的人交谈

"那么,你父母住在哪?"

呃……我的心跳停顿了一下。为什么他要知道这个?我握紧手中的饮料,冷凝的水珠使它在手里有些打滑。我吸了一口气……哦,他还在看我,而我什么都还没说呢。

那么……好吧……要深入谈一下这个吗?我在哪?我的父母?真希望命运能仁慈些。我在异想天开些什么呢。那应该撒谎吗?今天的感觉有多糟?能镇定自若地告诉他实情吗?他是俱乐部成员吗?要是我现在扭头就跑,他会注意到吗?

是的,所以……间隔太长了。随便说点什么。就从真相开始。

选项有三个。

(1)"我母亲住在伦敦。"(注意:要"非常坚定"地说"母亲",要让对方意识到"现在,最好不要再问关于父亲的事"。)

（2）"我母亲住在伦敦。"（注意：要"坚定"地说"母亲"，要让对方意识到"嗯，情况有点复杂，但不至于太痛苦"——这当然是个谎言，但能让局面好些。）

（3）"我母亲住在伦敦，我父亲去世了。"（不用再考虑什么了，就冲着他喊出来，希望这股情绪的力量能阻止他进一步询问。）

请祝贺我，我选择了（1）。

"呃，对。我母亲住在伦敦。"

"你父亲呢？"

（注意：我正在进行那种对话，这不是演习。我用略微强硬的语气强调了"母亲"这个词，但对方没领会我的意思。我又重复了一遍，依然无效。现在，我无处可逃了。）

"哦，呃，他——呃，他死了。他在我十五岁的时候去世了。"

"哦，呃。对不起……我不知道。"

（尴尬的停顿。）

"哈，没关系，这不是你的错。"

"哈！确实不是！"

"不是你杀的吧！"

（尴尬的停顿。）

"哈哈，不是。知道了，谢谢，卡里亚德。但我现在得走了。你让我想起自己也有死的那一天，我不太喜欢这个话题。"

> **场景**
>
> 卡里亚德离开登记处时,比之前更难过了,此外,她因提起已故的父亲而惹恼了别人,她对此感到内疚,可并不是她主动提的啊。
>
> **帷幕**
>
> 你父亲是做什么的?
>
> 你母亲住在哪?
>
> 你有几个孩子?
>
> 你有几个兄弟?
>
> 你姐姐或妹妹现在多大了?

有以上各种问题。就像狗会闻流浪汉一样,我们遇见一个人,也喜欢问对方这类问题,只为了解这个人的大体情况。悲伤者总在思考如何告诉对方那个谁……已经死了。

即使你不是俱乐部成员,也知道我们并不擅长谈论死亡。仅仅提到这个词,都会让我们肩膀紧张,肚子咕咕叫,手掌出汗。我见过有的人浑身绷紧,竭力避免在轻松的谈话中提及任何与悲伤有关的话题。我们在谈论死亡时体验的那种社交尴尬来源于恐惧,这并不奇怪。可能是害怕惹恼另一个悲伤的人,可能是害怕说错话,可能是害怕让听者感觉更糟糕。这么多的焦虑！结果，听者要么回避谈话，要么扯开话题，要么干脆什么都不说（很奇怪），要么说出悲伤者不得不学会应对的愚蠢、欠考虑的话（特别是在第一年，你几乎每天都要绞尽脑汁地解释那个人已经死了）。我们都会死，我们都有相识去世——现在，我们不应该游刃有余地谈论死亡了吗？

亲爱的悲伤者，现在深呼吸放松一下。这里很安全，我们可以承认别人对我们说的一些话是多么令人沮丧、讨厌和愤怒。我们都听过那些草率的评论和不顾别人感受的提问。事后，我们会去找另一个悲伤者，大笑或大哭着跟他讲述刚才的经历。

父亲去世后，我母亲收到了一封写给他的电子公函。但寄件人没有重新键入收件人，而是直接画掉父亲的名字，在旁边写上"亡故"，然后就发给了我母亲。你能相信吗?! 还有一次，我跟一位女士提到我父亲去世了，她对我说，如果她父亲死了，她会告诉所有人，因为这肯定会让她"广受关注"。我没再说下去，而是换了个话题，我实在不知道该如何应对。

多年来，我们每个人都听过疯狂和伤人的话。偶尔有些话很有趣，但还是伤人的话居多。唉，除了正在经历的悲痛，我们还要承受这些额外的创伤，真叫人难受。

亚当·布克斯顿

喜剧演员、作家、播客主。亚当照顾父亲几个月后，父亲在家中去世。

有个人来帮我，他来自一家护理机构，当时父亲已经快走到人生的终点了。最糟糕的一件事是，父亲不能动，下不了床，可还是需要上厕所什么的。这个过程有点复杂，细节我就不多说了。这个人就是来帮我的。其间，父亲会哼哼唧唧的，这让我觉得很有压力、很焦躁——那家伙看了看我，说："等会儿，我认识你！"这算得上现实生活中的糟糕一刻了：有个人觉得认识你，但又不肯定，此刻你并不想回答"哦，我知道，我经常上电视，算个名人"。因为他可能并不是通过这种方式认识你的，也许你从他那买过酒之类的。你不能想当然地说，"哦，你肯定在电视上看过我"，特别是在那种场合。

我说："不，你可能认错人了。"

他说："但你看起来真的很眼熟。"

嗯，我想想。你看过《英国喜剧智力竞赛》吗？我有时会上那个节目。《字典角》？想起来了什么吗？

我想对非俱乐部成员说几句。你好，感谢你在这里。我知道，初入一个陌生的地方会举步维艰，你不懂规则，感到不舒服和尴尬。我并不想指责谁。从长远来看，如果我们现在就承认正在（从灵车后面)往山上推的这块石头又重、形状又怪异,那我们就能更好地帮助那些悲伤的人。我们当中的大多数人很少谈论死亡,也没有悲伤管理方面的毕业证。

悲伤奇怪又复杂。如果连我都不甚理解自己的悲伤,那别人当然更难找到合适的话对我说。我仍然不善于谈论悲伤,没人善于谈论它。如此说来,任何想要说点什么的企图都是徒劳的。

先等一下,其实,很多人都会犯一个错误,即总想找到合适的话,总在寻找改善局面的方法。你很难避免与陌生人进行直接、简短的交流。很不幸,你不得不解释说"他已经死了""我住在公寓里""我还有个哥哥",这是你不得不面对的情况。别人想知道的,你都得回答。如果连语言都失去了效力,那些想要提供帮助、正在寻找合适词语的人,还能做些什么呢?如果无法改善局面,但仍能陪在身边,会怎么样?如果没法避免说错话呢——毕竟每个人的悲伤各不相同,能不能从"我不知道该说什么,但我一直都在……"开始?

现在,即使我不得不阐明父亲已经去世,我也能更好地应对听者的恐慌了,我自己也能保持冷静,我不再感到(那么)害怕。我逐渐学会了判断"时机"。我会先和自己确认一下:今天感觉还好吗?还是有点脆弱?如果感觉还不错,我就说实话;否则,我会设定边界。

到达这个阶段是需要时间的。初期的情况完全不同——作为一个脾气暴躁的青少年,我提起这件事时获得了一种冷酷的满足感。

当时跟我对话的人（1998年的一位电话营销员）感觉很糟，我自己也没好到哪儿去，所以感觉很公平。对方高兴地问："劳埃德先生在吗？""不在，因为他死了！"把这个消息告知一个完全没有准备的人，给我带来了一种诡异的力量（没错，我在全力表演发生在我身上的事，以此实现反制。瞧，治疗确实起效了）。对方沉默了一下，然后匆匆地说"哦，真抱歉"，我不假思索地回击（就等你说这句呢）："真的吗？"

这一步的关键是延长时间。如果你保持沉默，就能让这句话像个巨大的氦气球一样悬停在空中，让局面变得无比尴尬和糟糕。"瞧瞧啊，陌生的来电者，我的生活一团糟。祝贺你，现在，你也身在其中了。"恶作剧得逞后那种幸灾乐祸的感觉，很快便会消散。对方放下电话，我继续看电视，再次意识到父亲已然去世。局面稳定片刻后，我又淹没在绝望的海洋里。

直到多年后，我才亲身体验身处悲伤之河另一边的感受。我婆婆在我和丈夫步入而立之年时去世，突然之间，我成了那个说错话、不理解对方、无法改善局面的人。我还从未遇到这种情况。在此之前，我一生中的大部分时间都在悲伤中度过：我对别人的愚蠢言辞感到恼火，在别人努力跟我和平相处时表现得不屑一顾，我认为都是别人的错，别人怎么能这么笨！如今，轮到我不知如何是好了。婆婆去世后，我才意识到身处他们的位置并不容易。虽然我不用直面悲痛，但看着我的爱人深陷痛苦之中，还是太让我难过了。虽然没人比我更了解他,我本人也久经"悲伤"沙场,但我还是在不断地犯错。作为悲伤领域的元老级人物,我的失败在一定程度上来源于我不知道如何改善现状。我努力尝试修好他的悲伤,因为那样的话……一切就能结束。我想拿走他的痛苦,但就是做不到。(愚蠢啊,卡里亚德。你怎么能把别人的悲伤拿走呢?他们需要它——失去亲人的痛苦是他们仅有的东西了。拿走这种痛苦,就好像那个人从未存在一样,痛苦是逝者活过的证明。)

有一天,我意识到,我为"帮助"丈夫所做的一切都不管用。他不想谈论这件事,也不想大喊大叫。他处理悲伤的方式与我截然不同。理应如此——他不是青少年了,他与母亲的关系和我与父亲的关系不同。我怎么能让他按照我的节奏来呢?承认这一点后,我终于明白他需要什么。我认识到正确的处理方法不止一种,而是有成千上万种。他不需要我带入自己的悲伤,不需要我"修好"他的悲伤,也不需要我让他感觉好点,他只需要有人倾听。他不需要大喊大叫,也不需要聊天,他想有个人安安静静地和他坐一会儿。每种悲伤都是独一无二的,的确如此。我们都能理解死亡带来的锥心之痛,但唯有仔细倾听,才能真正理解别人的需求。

通过与人交谈,我认识到每个人的悲伤都各不相同。这些对话有时很难进行,但每次只要我们允许讨论死亡,并且不是为了找到一个瞬间改善局面的神奇说辞,而是静下心来倾听当事人经历的一切,我们就能理解。当悲伤令我们恐惧或失控时,重要的是承认接下来的讨论会很可怕。也就是说，要从一开始就接受"这种讨论对我们来说很难"。这绝不意味着我们不能或不会发挥作用，而是只有一开始就本着坦诚的态度，我们才能发挥作用。

《悲伤播客》开播后，我认识到有些悲伤会吓倒我。谈论去世的父母，对我来说并不难，我可以谈到地老天荒。但小孩的死亡呢？我想都不敢想。突然间，我就不知道该说什么了。随着播客的影响力不断增强，听众开始联系我，要求节目谈论特定类别的悲伤。我正有此意，我希望播客涵盖尽可能多的经历。可与此同时，我又害怕展开其中的某些对话。就像多年来遭我白眼的那些人一样，现在，我拼了命地想要避免谈论死亡，因为我害怕了。

与作家杰森·格林的交谈，是我展开的有关悲伤最艰难的对话之一。2015 年，他两岁的女儿格蕾塔在纽约市遭遇一场事故后身亡；她和祖母坐在长椅上时，一块砖石从建筑物上掉下来，砸在她身上。就在我写下这些文字之时，杰森和家人遭受的这场飞来横祸仍让我深感震惊。这种悲伤让我胆寒。我的骨头、肌肉、细胞……整个身体都在提醒我不要和他说话。我感觉，讨论这起死亡事件很危险，即便只是浅谈，也会让我自己的孩子遭殃，就好像意外事故会传染一样；这当然是一种毫无公正和理性可言的感觉，但也表明远离死亡是人类普遍存在的一种冲动。这不能被简单地归结为粗暴或残忍，其实是一种自我保护。下次，再有人想从被悲伤笼罩的你身边逃离时，请记住：他们只是遵从内心那股"隐藏、打击、逃离"的原动力，因为他们害怕死亡紧接着会降临到自己身上。

尽管我紧张得不行，但还是约了杰森采访。我放慢呼吸，想起当年那些人表现得好像"父亲去世"会传染一样，那多蠢（和令人沮丧）啊！我坚定了自己的选择，必须听听杰森的故事。我知道这次谈话能帮到一些听众。杰森将他的经历写成了一本很棒的书——《再次仰望星空》，勇敢无畏地讲述了自己的故事。我至少应该做个聆听者。

一旦制服了自己的恐惧，我们就能听听别人的故事。同为人类，我们有责任在别人需要时施以援手。陪他们走一段，听听他们的故事。

杰森·格林

作家、记者。他讲述事故发生后，朋友和家人如何帮助他和妻子。

他们知道我们需要帮助，他们扶住了我们，没让我们倒下。我们那个社区的人都是大好人，每天都有人拿吃的给我们，和我们坐一会儿，说些无聊的废话，因为他们知道我们需要打发时间。他们对待我们的态度就好像什么都没发生一样，与此同时，他们又十分清楚事实并非如此，他们无微不至地照顾我们。即使有人说了一些平时听上去不太得体的话，对我们来说也无关紧要；这会儿没人在意礼仪，它不是我们眼下要关注的事。我们的失去是另一个量级的。你在这里就足够了。你主动来到我们家门口,想给我们一些帮助。我不在乎你说了什么愚蠢的话。那一点儿都不重要。进来吧。

我可以给你很多关于如何引导悲伤对谈的建议,但我必须承认:最重要的是你内心的改变。某个人的愤怒、悲伤和绝望可能会令我们感到恐惧,但这其实向我们揭示了自身的脆弱性——悲伤也可能发生在我们身上,我们也可能像这个人一样无依无靠。

通过管理自己的情绪反应,我变得越来越善于谈论死亡。意识到自身的恐惧及其后果(恐惧迫使我停止谈话)后,我终于能够呼吸和停下来倾听了。一旦我们认识到悲伤者只是需要陪伴,我们就可以停止其他徒劳的努力了。我们要练习去分担别人的痛苦,练习得越多,就越能更好地支持别人。如果所有人都能给予悲伤者这种程度的关怀,悲伤者就不会感到那么脆弱了。想象一下,一个社会鼓励悲伤者把情绪释放出来,而不是要求他们隐藏情绪、停止发泄情绪或离开,该有多美好啊;在这里,所有的言语都是基于同理而非恐惧。最终,你可以在某个人周围系上一条丝带以示支持,为他编织一个可以暂时逃离悲伤去喘口气的地方——不用太长时间,只要让他知道他并不孤单即可。

很多人在跟我交谈时,都竭力想要说"对"的话。我最喜欢其中一个人——已故、伟大的肯·坎贝尔的反应,他是一位非常古怪的表演者兼作家,多年前曾与我共事。有一天,我们正开着他那辆脏得一塌糊涂的四驱车去某个地方，他问我："那你父亲在哪儿？"

我的脸一下子红了。肯不是那种善于共情的人。我支支吾吾地说："哦，他……死了。"他会作何反应呢？

他愣了一下，面露伤感的神色，然后哼了一声，"噢，没错，父亲都爱这么做"。

我笑了，感激地大笑。他没急着改变话题，也没让我感觉难堪。他就在那里，陪我默哀了几秒钟。"是啊，太糟了。"时至今日，我仍然感激他那么说。

贾森·黑兹雷

喜剧作家、播客主。贾森的父亲在旅居西班牙期间去世。

我和一些朋友在牧羊丛的一家酒吧里，其中一位是卡丽·昆兰（喜剧演员兼作家）。她父亲早我父亲两三年去世，我和她说起这件事，她把手放在我的胳膊上，靠近我，直视我的眼睛，说："太糟了，是不是？"

这是我听过的最准确的表述，我说："太糟了，糟透了。"

萨利·休斯

作家、记者、播客主。在萨利很小的时候，她的父母都去世了，还有一位非常要好的朋友死于肉瘤。

每当周围有人去世时，我总感到惊讶和困惑，为什么人们不能直截了当地说"哦，天哪！这太糟糕了"？人们只是说："这简直难以理解！真抱歉你遇到这种事，我想不出还有什么比这更糟的了，真的。"

你只需要说这些就足够了。不用说那些花里胡哨的话，也不要扯那些陈词滥调，直接说："该死的，这太可怕了！什么玩意儿啊！你肯定难受死了。"人们只想被听到。

你无法让悲伤变得更好，你不能让悲伤消失。你不能让任何人死而复生。剩下的就是稳住你的脚，并站在悲伤者旁边。即使他们很痛苦，你也可以待一段时间。

安娜·莱昂斯

《我们都知道结局》一书的作者、临终陪护，倡议重塑关于死亡的对话。

和悲伤者聊聊，只是坐下来陪他说说话。如果他不想说话，那就不说，但要和他坐一会儿，和他在一起，让他知道他并不孤单。让他知道，你能帮他分担那无法承受的痛苦。他真的经历了难以承受的痛苦，如果你不能陪伴他，或躲到马路另一侧，或无视他，或无视正在发生的事情，那无异于告诉他：这种痛苦是如此难以承受，连个愿意陪他一会儿的人都没有。请帮他分担一点，哪怕只是一点点。去找他，让他总能看到你，让他知道你一直都在。

凯蕾·卢埃林

我侄子去世了，我对那晚的记忆只剩一些碎片，一闪而过，好像快照一样。其中一个片段是：天快亮时，我坐在姑母的沙发上，我最好的朋友马修坐在我旁边，我目不转睛地盯着那堵墙，他也盯着那堵墙。我感觉很难过，但并不孤单。那些片段对我而言意义重大。

凯蕾的朋友只是陪着她，就这么简单——我始终记着这点。当人在悲伤时，大脑会反复告诉他，他在独自承受这一切，没人理解他，也没人在乎他。陪他度过这段旅程，是我们能做的最简单也最有帮助的事情。

你为什么不允许别人悲伤？是担心会发生什么吗？你听说过谁余生都在哭泣中度过吗？即便在《爱丽丝梦游仙境》里，爱丽丝的眼泪也没把她冲走，而是把她带到了另一个地方。你认为很难谈论死亡，你感到害怕或紧张，这些都很正常。你会跌倒，犯错误，犯很多错，再次尝试，这些也正常。重要的是，你要在那里，尽力而为。

社交尴尬和恐惧会驱使我们隐藏悲伤、假装没事、逃离——就像眼泪被当作汽油，而我们都拿着火柴。我们得学会适应不舒服的状态，即使不知该说什么，也没关系，要敢于承认自己害怕。帮助一个悲伤的人并不容易，这个事实重复多少遍也不为过。再多的纸巾、漂白剂或抗菌剂都没法把我们从那种混乱中拯救出来。只有当我们试着提供帮助（可能会失败）时，才知道该怎么做。

如何帮助悲伤的人

本指南也许并不适用于某些悲伤者。每个悲伤者都是与众不同的,有些悲伤更让人难以承受。如果你实在担心某个悲伤者,请咨询专业人士。

这是一张引导你和所爱之人逃出悲伤旋涡的小导图(未画完)。

犯错难免

马克·奥沙利文

作家、演员。马克的父亲和母亲分别在他十几岁和二十几岁时去世。

凌晨两三点的时候,我所在酒店的房间电话响了,是我姐姐打来的,她说:"母亲不在了。"

我说:"什么?"

"母亲已经不在人世了。"

如果有人在听,想着怎么说最合适,那肯定不会用这种方式。

是的,我已经说过了,但我要再说一遍,因为每个人总会想:"哦,我肯定不会那样,我是个敏感的人,绝不会说一句蠢话。"就当是给你提个醒吧:即使作为朋友,你最温柔、最随和、让人感觉最舒适,也难免犯错。悲伤者(也许现在避开了目光,敏感的人哪）都有些……敏感。（我知道这话不中听，但我就是这种人，所以我知道悲伤者是什么样。）悲伤会撕开悲伤者的皮肤，让肌肉和各种组织暴露在空气中。你说的话不仅会触及悲伤者厚厚的皮肤，还会继续沉入肌肉，再撞到骨头上。一旦你哪句话说错，就会刺痛他们；问题是你少有说对的时候，因为几乎不可能说对。所以，要时刻准备着说："如果我弄错了，我向你道歉……"

"我想帮你，但不知道该怎么做，我一直都在……"

"刚才谈话的时候，我可能有些想当然，我向你道歉……"

你没法让局面更糟

你说的任何话都可能伤害悲伤者，但这种伤痛永远也比不上"那个人已经死了"。斯人已逝，最糟糕的事情已经发生，你不可能让局面更糟了。与悲伤者交谈时，请永远记住这一点。如果他们开始哭泣，或者看起来悲伤、沮丧，那说明他们确实很痛苦。这是正常的，他们爱的人不在了。你可能笨手笨脚、说错话、做错事、让人不舒服，这绝对有可能，但你绝对没法让一切变得更糟。你没法让死人再死一次。

记住：不要追求完美，而要尽量在场。你说什么并不重要，重要的是你在那里，尽力提供帮助。

所以，尽力就好……

普尔纳·贝尔

作家。普尔纳的丈夫罗布自杀了。

尽管我经历了如此巨大的丧亲之痛，但社会对死亡的回避态度是如此强烈，以至于当我听到同样的故事时，我的第一反应是，我应该像蜗牛一样缩到壳里，并尽量保持安静，因为我不想自己的某句话或某个行为加重这个人的创伤。但我的另一部分在罗布死后变得越发显著，而且这部分更具同理心和智慧——只是给了我一拳，接着，话语就从我口中奔涌而出。如果悲伤者没说所爱之人的名字，我会主动询问，因为我知道这很重要。我看到他们说出逝者的姓名时面部表情发生的变化，那人仿佛被唤回了那么一会儿。我说："这种事发生在你身上，我真的很难过。"尤其是对于自杀，人们真的不知道该说什么，所以就干脆什么也不说，可这只会让悲伤者感到更孤独。

悲伤者能说出并记住每一个尝试帮助他们的人，每一个不放弃他们的人，每一个挣脱自己的不适感、向他们伸出援手的人。

你的悲伤并不是他们的悲伤

我花了很长时间才接受如下事实：失去父母的悲痛并非唯一深切的痛苦。此前，我感到的痛苦如此深重，以至于谁要是跟我说他为一只狗或一位祖父母甚至一个朋友的去世而难过,我都没法理解(够坦诚吧)。多年来,除了自己的悲伤,我什么都看不见。我被自己的悲伤淹没了,深信世上再没有什么悲伤比它更强烈。

俱乐部很多成员都会为此感到内疚。悲伤就像一块立在你跟前的石头,阳光只能在石头的边缘若隐若现。但当我在播客里倾听大家的谈话后,改变发生了。我意识到悲伤不分对象,无论是父亲、母亲、子女、姐妹、兄弟、叔叔、奶奶、朋友、同事还是猫、狗去世,只要你与之有关系,你都会感到悲伤,悲伤都一样存在。悲伤没有高下之分:无论你为谁悲伤,都值得纪念,都值得与人聊聊。别人不可以也不应该贬低你,或者让你感觉你的悲伤不算什么,不配加入俱乐部。无论你的痛苦是什么,它都是正当合理的,值得拥有一个空间去疗愈。

当谈到流产时,这点尤为重要。孕妇流产时,人们会习惯性地问"发生在孕几周",就好像悲伤的程度能用数字来衡量一样。怀孕之初,孕妇已经计算出预产期,并开始憧憬未来的生活,她们当然会悲伤。

也许你(和我一样)听过一个悲伤的故事,做过悲伤的数学运算,然后想:"这听起来并不太糟糕、不太早、不太难、不太痛苦,他们老了,你知道他们生病了,这很突然……"没关系,你可以思考这些事情,这不会让你变成一个坏人。不要因此觉得自己错了或感到羞愧。从这些感觉中你学不到任何东西。重要的是你做出的判断。要知道，你可能不理解某个人的悲伤，但如果这个人感受到了悲伤，它就是真实的。

不要问，只管做

你向丧亲者施加压力的一种做法是，希望他们给出答案。"我能帮你做点什么吗"一类的询问，对他们没有任何帮助。失去亲人时，脑子就是一团浆糊，完全搞不清楚状况，不知道自己想要什么或者需要什么。如果你想帮助他们，只管做吧。

你认为他们需要什么？他们是否变得务实，只想处理一些权限管理事务——打电话给银行、律师、保险公司——你能帮上忙吗？看看他们的屋子有什么需要做的？清空垃圾箱？拿些吃的过来？接孩子放学？把茶包装满？为访客准备的消化饼干够吃吗？他们正处于危机中，很多小事你都能帮上忙。不等人说，主动去做，才是无价的善举。

乔尔·戈尔比

室友得知我母亲去世后，为我做了一件最暖心的事。事情发生之时，人们会忘了对你好点，当然，他们会给你发一条充满真挚话语的长信息，或者问："我能帮你做点什么吗？"做完这些后，他们会认为"好了，该做的我都做了，我可真是个好人呀"。留下你独自面对那些乱七八糟的事务、遗嘱什么的。他们发来"嘿，我就是想告诉你，我正想到你，要是有什么我能帮上忙，尽管说"时，总想不到真正该做点什么。

那天我回到家（我不是个爱收拾的人），室友把一切都收拾好了——我的卧室本来一团糟。这绝对是别人为我做过的最暖心之举。

专业提示：不要问"想喝点茶吗"，只管去把水烧好，泡好茶。要是再把用过的杯子洗干净，效果更好。

你今天感觉怎么样

"你好吗"这句简单的问候，对大多数悲伤者来说都很难回答。我好吗？我糟透了？我失魂落魄？我害怕？这些问题大到没法回答。人们应该这么问："你今天感觉怎么样？"让问题更具体，才更便于对方做出回答。

另外，"节哀顺变"这句也要谨慎使用——大多数悲伤者都会反复听到这句劝慰人的话。我不怎么介意，因为有时候人们只能这么说，当然，它也是悲伤者最常抱怨的话之一。对我来说，它确实管用，但前提是你不能用它来遮掩尴尬，换言之，你在说这句话时，必须发自内心。当别人以体贴善意的态度对我说这句话时，我从不会生气。

你是配角,而不是主角

你也可以哭一下,以示支持,但号啕大哭地说你也真心爱逝者,意味着悲伤者还要反过来安慰你。丧亲者可能会哭,这很自然。你当然也可以哭,这也是情感的自然流露,但你的情感远比不上丧亲者。丧亲者才是中心,如果你感到沮丧,就找其他人来帮你消化。这一刻的主角是丧亲者,而你的任务是确保焦点始终在他们身上。

联系悲伤者

现在,人与人之间的联络方式有很多,你没有任何借口保持沉默。发送卡片、短信、电邮等,让悲伤者知道你一直都在,然后保持联系。当你记起他们的时候,发条"想念你"的短信。让他们记住自己并不孤单,真的很简单。

别介意被忽视

从现在起,逝者将永远忽视悲伤者了,所以,他们可能也需要忽视你。耐心等等。一年后,提醒他们:"你挺过来了。"

做好长期陪伴

一段时间后,人们以为你没事了,但其实,你还没缓过来。生日、圣诞节、春天的花……现在,你要独自面对这一切,那个人已经不在了。六个月后，当你准备给一个过分拘谨的朋友过生日时，请记住这一点。

请带丧亲者出去聚聚，寄张贺卡，谈谈他们经历的一切，说出逝者的名字。记下逝者的忌日，哪怕只记下月份也行。

一年后，给丧亲者发信息："四月到了，希望你一切都好。我知道这个月你会很难过。"计算那人去世后六个月的时间，到时，也给他们发条短信。别低估这些日期的力量。

现在就开始练习谈论死亡

让"死亡"成为日常对话的一部分，这样，你会更善于与那些需要帮助的人谈论它。在丧亲者因为某人离世而痛哭不已之前，找一天他们感觉还不错的时候，问问："那个人是谁？是个什么样的人？你想念那个人吗？"打开对话的大门。

每一次悲伤都不一样

悲伤者可能会微笑、大笑、重返工作岗位、去度假、发自拍照……但他们的真实感觉也许并"不好"，可能不至于那么糟糕，可能还算不错——但请记住，悲伤就像访客，来了又走，走了又来。不要因为他们在发布的照片里看上去还不错，就以为他们真的全好了。可能他们为了挺过去才需要这样做。

你不需要知道所有细节

你非常想知道发生了什么,很难不去想,因为这就是人性。但你真的需要知道一切吗?悲伤者愿意谈吗?有些人觉得谈论死亡的细节很痛苦,尤其当死亡刚发生不久。你在练习这些对话时,想一想,"我为什么要问?是为了帮助他们吗?"

新冠疫情期间,有人向我吐露,他们被拷问有关亲人感染的情况时很痛苦。"走的时候真的感染了吗?""确诊了吗""致命原因真的是这个吗?"

这些问题都与逝者无关,只反映了提问者自身的恐惧。要是你能说,"天哪,太抱歉了。听起来糟透了,他叫什么名字?是什么样的人?等你感觉好些了,跟我聊聊他吧",那该多好啊!你要做的就是耐心聆听,为逝者留出空间,尽量表现得"置身事外"。

自杀

被悲剧或创伤事件笼罩的死亡,不仅有悲伤,还包含创伤。如果你对自杀一点都不了解,那么谈论自杀可能会非常可怕。人类社会也是直到最近才有能力对此进行讨论,而在一些国家,自杀仍属于非法行为。许多因自杀而悲伤的人依然背负着耻辱,但这并不意味着应对此闭口不谈。谈论自杀时,务必保持足够的敏感。好心人建议,在谈论自杀时,你一般不需要知道细节,不要问具体发生了什么。

普尔纳·贝尔

说到自杀,规则就是不要问"如何"——没人需要知道这些,因为结果已成定局。人们总爱按照自己的道德和判断标准来衡量答案(采用何种方式自杀),我觉得这既荒谬,又暴露了自身的偷窥欲。提这个问题,无异于在别人的伤口上撒盐,让他们重新经历发现自杀的那一刻。他们也被这个问题折磨:所爱之人的最后一刻到底怎样?但你可以问对方是否感觉好些以及逝者生前的情况,因为自杀无法定义那个人的一生。

疏远

人与人之间的疏远也会带来悲伤。当一个人选择多年来对某人避而不见时,人们会很自然地认为,他们的悲伤将降至最低。如果他们相处不来,或者闹翻了,也许他们就不会那么难过了?我们可能会这么猜测,因为我们习惯于用逻辑去解释悲伤,重新计算悲伤这道数学题。所以,一旦等式的各个部分都有了,我们就能评估他们的悲伤值了。

说到悲伤,并非对照一张清单逐条满足,你才有资格为某人的离去而悲伤。你可能与某人疏远了,但仍然会为他的逝去而悲伤;哪怕你恨他,可能也会感到悲伤。如果你认为人们只应该为自己爱或喜欢的人悲伤,那想法未免太简单了。人是复杂的,人际关系因而也是复杂的。悲伤会不请自来,它无法反映你与那个人是否相处融洽;如果你对悲伤施加这类限制,你就限制了自己对悲伤的认知。只要你感觉到悲伤,它就在那儿。你从来都没有资格判定别人的感受值或不值。我见过一类人——他们会为表面上看起来没那么亲近的人离世而伤心欲绝,所以,你永远无法真正了解一个人对另一个人究竟意味着什么。

萨利·休斯

我认为这是一个非常缓慢的悲伤过程。我想唯一让我产生共鸣的情况是,有时我与那些父母患有阿尔茨海默病的人交谈,他们经历了漫长、渐进的悲伤过程,然后有人去世了。就有点像那样。我接受了很多治疗,哭了很多,争吵了很多次。所以我想,在她去世的时候,我已经承受了很大一部分悲痛。

去世前

去世前的悲伤可能来源于隔阂或者诸如阿尔茨海默病等退行性疾病,它称为预期悲伤。在那个人被确诊或者因疾病而不再认人时,你可能已经开始感到悲伤了。在患者去世之前,这类悲伤者多年来都沉湎于悲伤之中,可以说,已经走完了一大半悲伤之路。但对另一些悲伤者来说,情况又没有这么简单。

预期悲伤无法保证在死亡真正来临时,你不再感到悲伤。虽然你多年前就已经知道那一刻终将到来，但你仍有种招架不住的感觉。还有一种可能，当死亡最终发生时，只剩解脱。哪种情况都没有错，有的只是悲伤。

罗宾·霍林沃思

作家。罗宾的母亲死于癌症，几个月后她的父亲死于阿尔茨海默病。

当那个人被判处某种形式的死刑时，你其实已经在哀悼了——悲伤从此开始。当所爱之人被确诊阿尔茨海默病时尤其如此，因为它毁掉了他的思想，只留下他的躯壳，所以你不禁会为他感到悲伤。当死亡真正来临时，我感到巨大的解脱。我父亲的情况更是如此，他的离开从很多方面来说都算是解脱。我为他得以解脱、不再受苦而感到宽慰。

不要放弃

不要放弃悲伤者，不要放弃未来，要相信情况好转的那一天必将来到。努力坚持住。他们可能仍处于震惊之中，可能还要好多年才能意识到死亡的影响之大。你没法救他们，没法让他们恢复，但你可以让他们知道你关心、在乎他们。你们正走进一条隧道，别无选择——记住，现在只有你能看到隧道尽头的光明，他们还看不到，得继续走下去才能看到。

杰克·迪不是我父亲

我受邀参加一个喜剧聊天节目。开车去——多塞特郡？那个地方有点远，开车也要很久。我们在伦敦南部的一个车站会合，然后都挤进一辆面包车里，旅程还挺愉快。除了我，面包车里都是脱口秀演员。我不会脱口秀，没法像他们一样站起来就说。"嘿，你们有没有注意到……"每次我想尝试时，嘴里蹦出来的都是，"他死了。他死了。他死了"。所以，我写字，然后把它藏起来，以防吐露死亡的只言片语。但总归会泄露，就像阁楼上一根爆裂的水管，多年来一直在滴水，水流到各种陌生的地方，一点点滴入现实生活。

杰克·迪是节目主持人，为人亲切友好，我的出现似乎并没有惹恼他。那天晚上我很紧张，表现得不算好，但他帮了我，局面还不算太糟，他真的很擅长主持工作，大家都很愉快。

我们开车回去，我很累，感觉又像回到了小时候，被别人开车送去某个地方。我听着他们聊天。喜剧演员私下里挺有趣的，我感觉不错。我又看看杰克——这个深色头发的中年人，才发现他可能和我父亲去世时差不多大，或者更大一点。我想："哦，父亲们都长这样。"在日常生活中,你很少看到长得这么有"父亲样"的父亲,反正我已经好几年没看过了。

他用一种友好的方式关心着我们,问每个人要在哪儿下车,担心住在这个大城市里的这群闹哄哄的人如何一个个地回到家。我留意到他很担心女孩们——我和另外一个女孩。他问我们是否已经订好了出租车,出租车是否可以在面包车停靠的地方接上我们,他就像个父亲一样。我没法忽视这点,他不断确认我们是否安排妥当——只有父亲才会这样。

终于,我在漆黑潮湿的午夜时分到达了伦敦。我下了面包车,冒雨跑向等在一旁的出租车。我转身看到他也下了车,只为确保我没事。接着,他不在意地挥了挥手——好像在说一切正常,他上车了——然后转身返回面包车。我一下子哭了出来。出租车开走时,我止不住地哭,因为只有父亲才会那样做。"你还好吗?需要的东西都有吗?那就好,回见。"虽然我父亲远没有那么正常,但我还是捕捉到了那种感觉:一个中年男人确保我安好。

这就是我失去的——那双时刻关注我的眼睛。我很好,我不需要它了,但我已经忘记有它时的那种感觉。就在那一刻,它又回来了,真好。

浪潮来袭——2017 年

情况慢慢好转了，我能感觉到悲伤的一部分消散了，剩下的一部分也不像从前那么沉重了。大多数日子里，我都感觉很轻松。

我做母亲了，有了一个女儿，她是个聪明、漂亮、脾气有点大的小家伙。生育孩子的经历让我比以往任何时候都更接近悲伤，我的无助感、脆弱与力量都在一起。我从不奢望他能看到这一切，但生活还得继续，我仍然能感觉到悲伤。

我和丈夫带着女儿搬到离公园很近的一套公寓，是的，我们也变成了在意"公园要离家近"的那类人。我们还讨论儿童滑梯是不是好用，环岛是否安全。我们买了这套公寓。我们是谁？这些人又是谁？承担这么重的责任，让我感到既惶恐又荣幸。我们买了一套公寓，因为有人去世了。当然，这是在伦敦。不是有人死了，就是你已经很富有了。买公寓的过程挺艰难，也可以说是痛苦。搬家的每一份喜悦和兴奋都被吸进那个黑色天鹅绒袋子里——钱就是从那里来的。丈夫有些焦躁，不想浪费婆婆的钱。感觉那不像我们的钱，而更像是笔贷款，只不过没人会来收账，这太可怕了。

我不喜欢这套公寓，楼层太高，地板是让人压抑的深色，厨房看起来像个小木屋。我们搬进来的当天晚上，我就听到从公园传来的喊叫声——我确信有一伙年轻人在那里打架。几天后，我得知了真相：一群中年男人在深夜进行足球训练，冲着对方呼出冰冷的气息。

女儿长大了，身体一天天地壮实起来。她快一岁了，每长高一寸，就有更多的个性显露出来。她笑时，我也跟着一起笑。我的心开始解冻。她慢慢地暖和了我的心，我也接纳了随之而来的改变。我努力将我的悲伤与她分开。我感到一切都交织在一起：我渴望生活静止，停下来，让一切有意义。照片的神奇之处也在于此：时间被定格，我们看着当时的自己，有了掌控感，飞速向前的生活得以暂停片刻。死亡和新生、收获和失去，就像一盘永远下不完的象棋，不断出子、吃子。

我晋升为一位母亲。我意识到成为父母是一个缓慢的过程，就像失去父母一样。几个月甚至几年后，他的存在感和气息才从房子里消失，他的书房变成了备用房间，接着又变成了安置孙女的婴儿房……这个小房间不再是父亲的办公室了。这需要时间，一个活了四十四年的人不会在一夜之间消失，而是会慢慢退去。

我们在公园里。女儿还算喜欢荡秋千吧，但没有其他小孩那么爱。她好奇心十足，愿意做各种尝试，但也有自己的小心思。她会怀疑，会小心权衡。我习惯了公园里的女人们——那些母亲。公园就是妇女和儿童的天下，好像一艘用栅栏围起来的救生艇。母亲、阿姨和保姆的聊天话题包括天气、轻症感冒，以及在哪儿能买到好的雨靴。这是一个很容易打入的女性空间。我不想变成这样的母亲，我想成为那种声称"做不到这些"的母亲——那种不能去公园和人聊天的母亲，我想成为比这些只会家长里短的女人更高冷的母亲。但我不是那种人。我就像个平凡的母亲。有时又感觉轻松得不可思议。

今天来了一位老人，他一头银发，身穿一件棒球服——在伦敦，人们都不会很快显出老态。他正推着一个小女孩荡秋千，他在笑，但他的体力显然与母亲、阿姨、保姆不同。他把小姑娘推得很高，也不看秋千。小女孩很喜欢这样，兴奋地尖叫着。紧接着，我看到一位神色紧张的老奶奶从公园另一侧大步走向他们。"小心点啊！"她喊道。他几乎没有看孩子，任由她在秋千上荡来荡去，但小家伙一点事都没有。旁人看来可能很危险，但其实没什么事——父亲们就擅长这种游戏。我忍不住盯着那位老人看，他是爷爷。是的，爷爷都长这样。忽然，我停下来，连呼吸都停止了。

有那么一瞬间，我清楚地看见了我父亲：灰白的头发（而不是全白），穿着跑鞋，把我女儿高高地抛向空中；我母亲尖叫着："彼得，小心点！"我听见女儿在笑，她在看着我父亲，就像我看着我爷爷那样。我慈爱的爷爷啊！我看到她眼中的崇拜和爱，我父亲时而看她，时而不看。我知道如果父亲还在世，肯定会为孙女感到骄傲。我能看到他站在公园里，穿着那双该换掉的运动鞋，还有那件

第六章　如何与悲伤的人交谈　｜　185

很酷的玛莎夹克。我都看到了。我还听到母亲生气地说:"我快要吐了,彼得!"我看到女儿正看着他。

父亲不见了。我女儿没有爷爷了,我感觉我让她失望了,因为我曾经有个很棒的爷爷。她的童年必将与我的童年不同。没关系的,我对自己说。我又盯着那个白发苍苍的老人看,突然开始恨他。我恨他和他的人生,他多幸运啊,能推着孙女荡秋千。我心想:"老家伙,你最好知道自己有多幸运!"我盯着他看。他也看着我。我赶紧移开目光。我有些失常,在这里不能这么做。他们离开了。我看着他们在婴儿车旁忙活着,讨论着女儿和女婿哪儿做得不对。我多么渴望……渴望到心痛,因为我看到了一种永远也不可能属于我的生活。

女儿仍然兴高采烈地笑着,她在努力地捡起树叶,有点呆萌。她风趣、聪明又时髦。我知道,父亲也会这么想的,对此,我毫不怀疑。父亲如果在世,会很爱我女儿的,我深信不疑——认识到这点很重要。我可以把这些都告诉女儿,我知道如何爱她,这是我从父亲那里学到的。这也很重要。虽然我们没能拥有一切,但那些最美好的瞬间都有了。我们穿过草地,离开了公园,没有父亲和爷爷在身边,但依然开心。

第七章

当你离开人世时

凯蕾·卢埃林

> 友情提醒：人终有一死，如果你能提前告知葬礼的安排，比如希望放什么歌曲，就能帮上大忙。

人终有一死。死亡的必然性几乎接近可笑的程度，就好像看着一个人抱着一堆盒子朝香蕉皮走去——谁都知道接下来会发生什么。我当然也明白这个道理，但死亡仍让我害怕。死亡好比恒星的那一点光亮，你看到的光亮早在亿万光年前就形成了——这就是人类的死亡，它早已成为生命轴上一个固定的时间点。但我们仍表现得好像无须为此做任何准备。许多人连抽象地谈论死亡都很抵触，遑论面对自己终将消亡这一现实呢。

你写好遗嘱了吗？你不必感到内疚，告诉你一个惊天的秘密：

我也没写。我——"悲伤队长",永远都在谈论死亡,提倡消除死亡带来的耻辱感,不断提醒人们它总会发生,谁也逃不了。我这样一个人都还没有写好遗嘱。所以,我很清楚要采取实际措施(这些措施将在我们离世后成为亲人的行动指南)为死亡做准备有多难。除了写遗嘱,还要与亲人进行艰难而尴尬的对话,想想都叫人害怕,是不是?遗体要怎么处理?要捐献器官吗?需要做的准备太多了。我们竟然认为可以摆脱这种重要功课?为什么不在疾病、意外事故或厄运击中我们以前,就把这些事情谈清楚呢?

矛盾的是,死亡的简单必然性也许正是避免这种准备的原因:它即将发生,我们对此无能为力。把手举到空中,把头伸进沙子里,把羽绒被拉过头顶——这种冲动是真实存在的。但作为俱乐部成员,我们知道生命是短暂的。我们知道我们的时间是多么宝贵,生活是多么痛苦和困难。

那么,我们能做些什么来保护未来的悲伤者呢?我们需要深呼吸,开启对话。这不仅会提供实质性的帮助,而且可以帮助他们顺利度过悲伤。在我的播客上,有些嘉宾的亲属已经制订了计划、谈论了死亡,他们说松了一口气。最糟糕的事情虽已发生,但悲伤者有向导。

汤姆·帕里

喜剧演员、作家。汤姆在《悲伤播客》的一集直播节目里,向我讲述了他奶奶的故事。

我奶奶去世前，事无巨细地计划了自己的葬礼。我妈妈和姑姑回到家，在她床头柜的抽屉里发现了一个小信封，奶奶把要做的一切都写在信里了。这封信是四年前写的，上面写着："我想要这些牧师……"她在去世前三年联系了三位牧师，她说："我想跟你说个事情，希望你能出席我的葬礼，并读一段……"

她什么都计划好了，包括葬礼上要读的赞美诗——我们全都蒙在鼓里。其中一位牧师说："她还给你们写了一封信。"说着，他拿出奶奶的信，读给我们听："你们每个人都是我的骄傲。"我们都大受震动。信里还写道："我为你们感到骄傲。我度过了美好的一生，感谢你们给予我的爱，衷心感激。"

你能想象吗？她早就计划好了这一切，甚至还在结尾处留了一条俏皮的信息："附言，谢谢你们容忍我。"大家都笑中带泪。她知道自己想要什么，一切也都按照她想要的方式办好了。这个女人用清醒的态度直面死亡。

你可能不具备汤姆奶奶那样出色的组织能力，但至少可以开始谈论死亡。就从葬礼谈起（这比处理任何法律事宜都更容易，也更便宜）。和亲人聊聊这个话题，有一天，这可能会帮到他们。尽你所能，在情绪乱麻降临前，帮他们去掉一个麻烦。

就从基本事项开始吧，当成计划一场最棒的聚会（当然，你永远无法参加）。你希望土葬还是火化？想播放什么音乐？要准备哪些食物？禁止谁出席？必须邀请谁？作为一个参加过太多葬礼的过来人，我最重要的提示是：谁会唱歌？在你挚爱的亲朋中，谁最能胜任（能自信大方地唱对曲调）？因为你现在要请他们出席你的葬礼，站在最前面，领唱赞美诗、流行歌曲或说唱音乐；葬礼上最糟糕的事莫过于到场的人都很害羞，不知道该如何唱。这好歹算是场表演，替观众想想吧！好吧，可能只是我无法忍受别人吞吞吐吐地演唱赞美诗，才会有这样的担忧，但如果你想要艾瑞莎·弗兰克林的歌，那真得找个嗓子好的人才行。

我在给《悲伤播客》的现场录音时，采访过三位喜剧演员，他们分别说了对死亡的想法、对自己葬礼的设想、希望人们如何记住他们等。这类对话总是很有趣，并且极具启发性：你以为没有信仰的人其实很虔诚；有的人甚至都不敢想死亡相关的事；同一个"故事"竟然存在这么多不同的版本。喜剧演员汤姆·艾伦告诉我，他想要一辆维多利亚式马车，并且马匹要装饰着羽毛。此外，他不希望大家面露喜色，出席他葬礼的所有人都得哭才行。喜剧演员乔西·朗说，她准备跟朋友们开个玩笑——在棺材上贴着亚马逊等大公司的广告贴纸，人们肯定会想："哇，原来我们根本就不了解她呀？"（她会把实情告诉一个朋友，让其在葬礼结束后揭晓一切。）作家安德鲁·亨特·默里希望把自己的骨灰撒在当地的网球场上，他要用这种方式惹恼那对经常超时占用球场的夫妇。脱口秀演员凯瑟琳·瑞安说,就把她的遗体扔在路边,反正她也不会在那儿,她不在乎。

无论你对死亡有何看法,找个人聊聊吧。计划葬礼是正式开启死亡对话的绝好方式。

安妮卡·赖斯
播音员、艺术家。

凯丽·费雪去世时,我正在主持英国广播公司二台的节目。她的棺材被做成百忧解药丸的形状。我当时想:"这是个绝妙的话题。"就这样,我们开始在节目中讨论"会把骨灰放在哪儿"。大家表现得都很兴奋,而且创意十足。每个人都在谈论它。我痴迷于蓝色,所以我希望把我的骨灰混在蓝色油漆里——我寻思就撒在一桶蓝色油漆里,在桶身写上"母亲",然后分成三罐,三个儿子各得一罐?后来,我又想,我要请一位艺术家朋友用混合骨灰的油漆创作三幅画。

帮别人规划的葬礼越多,我越是意识到,一直以来我都因为太害怕而不敢去想自己的葬礼。于是,我强迫自己行动起来。起草遗嘱需要专业的管理人员,但告诉亲人朋友你打算怎么做则简单得多。

我希望在人们入场时,用最大音量播放亨德尔的《耶利米哀歌》。你听过这首曲子吗？这是一首很震撼的葬礼曲目（此曲创作于近三百年前，为 1737 年卡罗琳王后的葬礼所写——接着，葬礼进行时播放《翼下之风》）。我要一个柳条棺材，无论到时是什么季节，下葬时都要放点鲜花，我要和它们一起慢慢死去。如果是冬天，就放雪花莲、圣诞玫瑰和功劳木。如果是春天，就放水仙花、小苍兰和风信子。夏天的话，多放点玫瑰和向日葵。我还要穿一身漂亮的衣服。还有，下葬时再放一块巧克力——很贵的那种好货。火化时，播放琼尼·米切尔的《关于你》；把我的骨灰撒到海里或森林里——由我家人决定，哪里更方便他们祭拜，就撒到哪儿。什么样的聚会都行，我无所谓，但必须是聚会。要有最棒的音乐——那种让大家一听就想跳舞的音乐，我要每个人都跳到脚疼。还要供应各种口味的蛋糕和美味的无酒精果汁，这是为了让人们记住我的酒量就是一杯葡萄酒。总之，要让大家跳舞、说笑，说起我——说我是个有趣、善良、乐于助人、傻里傻气的人，说他们爱我。把我每年的照片都挂在墙上，让每个人都能回忆起这段旧时光。我希望人们在离开时，一手拿着箔纸装的蛋糕，一手提着鞋子。

冥界的诸神、神灵和精灵，我告诉你们：我想活下去。我想活得足够久，久到我必须修改葬礼计划，因为到时朋友们已经老到跳不动舞了。我希望我的死不会像当年父亲的死吓到我那样，吓到我的孩子们。我希望有个扶手让孩子们抓住，帮他们在悲伤的迷雾中找到前进的路。我希望自己足够勇敢，能给予他们这一切。

葬礼上的破冰话题

土葬还是火化？

骨灰应该撒在哪儿？

他们想要花吗？

下葬时，他们还想放点什么？

当你陷入困境时，最好向谁求助？

他们相信有来世吗？

他们会向你发出信号吗？

你应该做个纪念物吗？

他们希望在葬礼上读什么诗？

棺材旁的帷幔吱吱作响时，他们会想播放什么音乐？

他们希望大家围绕坟墓站成一圈，在倾盆大雨中往下扔土吗？

他们希望（葬礼）供应三明治还是香槟？

出席葬礼的人应该穿黑色还是艳丽的颜色？

有人没受到邀请吗？

如果你还是邀请那些人，他们会生气吗？

他们想要什么样的棺材？

要盛大的宗教仪式还是低调些的世俗仪式？

你要和孩子们说什么？

你能有多勇敢？能向着那异常艰难的谈话再进一步吗？你对于临终关怀是怎么想的？你想过这个问题吗？知道有哪些选择吗？如果你已经陷入某种"植物人的状态"，是否愿意关掉生命支持系统——你和谁讨论过这个问题？如果你得了阿尔茨海默病或绝症，希望医护人员采取哪些治疗手段——就算他们知道你已经病入膏肓，没法承受任何治疗？

我知道这听上去很凄惨，但如果你能大胆地想一想，为内心深处对自我脆弱性的恐惧打开一点门，死亡就不会再显得那么可怕。这关乎你的身体、你的生活、你的亲人。在亲人站在医院病房里感到绝望和不知所措之前，你能给予他们什么帮助？若能坦然接受死亡，悲伤又会是什么样子？

我通过《悲伤播客》结识了姑息治疗护士金伯莉·圣约翰。金（金伯莉的昵称）联系我，是因为她正在开展一次激进的重大活动——让死亡成为人人都想谈论的话题。我初次见她时，她正在伦敦的一个戏剧和喜剧节上组织一场关于死亡的演讲。在一个戏剧和喜剧节上！她给我和另外三个人订了票。活动门票很快售罄。

她本人、她的能量、她瞬间迸发的同理心和温暖令我惊讶。她让人觉得谈论死亡是……安全的。我的专长是悲伤，谈论悲伤我游刃有余，但说到死亡，我犹豫了。老实说，死亡仍让我害怕。无论是我自己的死亡，还是身边人的死亡，都是我的日常焦虑事项。但金谈论死亡的方式让我大开眼界，让我能够像对待悲伤一样对待死亡——这值得调查一番，也很有趣。金既不严肃也不忧郁，当谈到各项临终选择时，她柔和的威尔士口音和灿烂的笑容照亮了一切。她让我意识到，我不仅需要谈论这些，而且谈话也不必残酷无情。

现在就开始谈论死亡吧，因为你有的是选择。准备生孩子时，总有人鼓励你写一份分娩计划。既然如此，为何不写一份死亡计划呢？这样，当生命走到终点时，你就能告知照顾你的人，你想怎么做。在遇到金之前，我从未听过"护理预案"这种说法。她不仅为自己制订了"预案"，还给家人发送了电子邮件。她打趣说："我父亲认为这有点病态。"

尽管父亲对自己即将离世避而不谈让我深受伤害，但我同样没有意识到自己也拒绝正视死亡。我和父亲的想法一致：一旦开始想死亡的问题，无疑就是在告诉命运"我已经准备好了"。但金的做法让我看到，此时此刻——当我们的身体尚且属于自己，不受药物控制，也无悲痛情绪的干扰时——我们可以平心静气地制订这些计划。她让我看到这样做对关心我们的人很重要，对彼此的悲伤很重要。

优秀、风趣、充满阳光的金，把死亡变成了又一段奇异的人类历程。她让我不再对那无可逃脱的结局感到害怕。她向我证明死亡对话不仅必要，而且完全可能展开。

  2020年，金死于一次出乎所有人预料的突发中风。她比我年轻，刚刚结婚，搬了新家。她的生活充满了各种可能。我在公园里推着婴儿车闲逛时得知她的死讯，女儿在车里安稳地睡着，我听着汉密尔顿的歌曲。当时，她丈夫塞姆给我发了一条信息，我才知道。我整个人都蒙了，盯着手机，坐在长椅上哭起来。她多么年轻，多么聪明，多么充满活力……怎么可能死呢？你肯定也有过这种感觉：那个人多好啊，怎么会死呢？但金……她根本就是下凡的天使啊。现在她走了，那个和我聊死亡的好朋友不在了。

  金的死对我影响很深，我想，在某种程度上，我们俩都会为此感到惊讶。我们算不上特别亲密，时不时会聊上几句。她是这世界上的一束阳光，尤其对于我们这些决定直面悲伤和死亡的人来说，没有什么比在黯淡的悲伤迷雾中找到光亮更珍贵了。

  我和金经常聊到大家（对死亡）准备不足的问题。金去世时，我一点准备都没有。金一直试图告诉我为死亡做准备，当上天以如此冷酷的方式再次提醒我时，我惊呆了——死亡迟早会发生在所有人身上。金为自己的死亡做了准备，她已经写好了"护理预案"，并告知家人该怎么做。塞姆把这份文件发给了我，它就是金之前开玩笑说要发给家人的那封电子邮件。它不是什么用羽毛笔写在羊皮纸上的神圣函件，就是一个看上去简单、友好的文档，她在其中直截了当地说明当某些情况发生时，她希望怎么做。她在关于"为何提前做出这一决定"的段落里写道:"我是一名姑息治疗护士,照顾过大量接受临终治疗的患者,这些治疗除了延迟死亡的时间,别无益处。我希望尽可能平静而有尊严地死去。"

我经常想起金的善良与人文关怀,即便她在人生落幕之时,也一如既往。

我采访了英国国民保健署威尔士护理预案项目负责人马克·图伯特教授。他正在做一项开创性工作——将死亡这一话题引入公开讨论。他谈到了人们的各种担忧,特别是对于"拒绝心肺复苏"文件的担心。人们担心一旦签署了这份文件,可能就上了当,最终无法接受所需的治疗;人们没有将其看作一份与专业医护人员达成的诚信协议,不认为借此可避免身体困于各种只能延缓死亡时间的治疗。

临终关怀是一个复杂的话题,但金和马克都把关注点放在对死亡的思考和(与亲友)谈论带来的力量上。马克说:"即便是只言片语,对医生、护士和专业的临终看护人员来说,也很重要。"他建议,如果你决定要立遗嘱,不妨指定某个人作为健康福祉的持久代理人。这样,一旦你发生任何事情,比如失去行为能力,你最信任的代理人就能替你发声。你甚至还可以留下视频信息。例如,患有运动神经元病的人,可以趁身体还能做点什么的时候录制一段视频,交代遗愿,并将视频放在床边。这样,医生和护士到时就可以"见到"正在治疗的这个人了。

如果你还没躺到医院病床上，就能利用各种模板和网站确定自己的遗愿。这些虽不具有法律约束力，但在未来的某一刻——你可能无法说出自己所想之时，能替你发言。在和马克交谈后，有一天晚上，我没做任何铺垫，直接告诉丈夫："如果某一天我的大脑严重受损，不要进行心肺复苏抢救。"他当时正准备睡觉，我这番言论显然让他不快，但他也早就习惯了。我开启了谈话，从那堵保护墙上取下了第一块砖。感觉好多了——只有瞬间的恐怖，然后就好了。

愿望无法实现的情况总会出现。任何经历过分娩的人都知道，当你把分娩计划交给一位经验丰富的助产士时，她脸上会浮现苦笑的表情。现实不会一直符合预期。但现在，我们比以往任何时候都更清楚地意识到，我们所做的选择是多么重要和强大。如果我们能够勇敢一些，开启对话，把遗愿写在纸上或者告诉别人，那我们不仅帮了自己的忙——在我们无法做出选择的时候提供某些依据，还为我们所爱的人提供了宝贵的支持。

照顾过临终患者的人都知道真相：好莱坞电影式的结局并不存在。下述谬论必将打破：即便病得很重或濒临死亡，也有属于自己的时间，甚至能和亲人交代后事。你必须趁现在还活着，就展开这些对话。现在才是谈论死亡的时候，而不是当死亡迫近之时再谈。死亡降临时，你应该早就做好了计划。在可行的范围内，一切准备就绪。有些人可能会面临一个噩梦般的场景：替所爱之人发声，他再也无法表达自己的心愿。没人希望遇到这种事，想都不愿去想。但如果它真的发生了，提前知道他想要什么，哪怕只是模糊地了解，该有多好啊！

我知道在这个问题上，掉头走开更容易。但请听我说：无论你是每天都谈论死亡，让它成为生活里的常客，还是绝口不提，它迟早都会发生。我们都只是人世间的匆匆过客，没有人会长久停留。既然如此，就让我们把死亡视为整个人生过程的一部分，而不是要尽可能逃离的终点。让我们勇敢地承认，有生必有死。

我们活过，然后死去。就这么简单。这很奇怪，但也正常。这既糟糕，又平常。不是吗？不要将死亡看成你永远避之不及的一面可怕的镜子。思考它，谈论它，以平常心对待它，然后接受它。制订自己的计划，并告诉挚爱的亲朋。好了，现在我要去写遗嘱了。

孩子的问题

"什么时候……"女儿停顿了一下，盯着我。

四岁的小孩总有一堆问题。太空有多远？为什么我的名字出现在墙上？为什么面包师必须退出比赛？为什么风能让风筝飞？一百万天是多少？

"什么时候……每个人都会死？"

她大声问道。我丈夫正在洗漱，我抱着女儿，努力把大家赶到客厅里，好让出道来。听到这个有趣的问题，我笑了，答道："我也不知道，谁都不知道什么时候会发生，但我们都会死。"

她又停顿了一下，问："一百万年后？"看到我笑了，她也笑起来。在尴尬的时候，我总是习惯性地笑笑，这样挺好。

后来我想："我那样回答对吗？对她有帮助吗？""我做得对，"我告诉自己，"永远别撒谎，永远也不要说我们不会死或者那不会发生。"

有时我会说："只要你需要我，我都在。"这当然不是完全正确的，有时，父母就是不在了。但我还会在那儿——她的骨血深处。我会一直在那儿，做那件我唯一能做的事——深爱她，这样，即便我死了,她依然会感觉到我的爱,她知道我还在。我爱过她,还在爱着她。

他爱我,我毫不怀疑。他很爱我,非常非常爱我,我仍能感觉到。即便他死了,我仍能感觉到。

多动症

有个家人被确诊为多动症。这个消息并未让人有多震惊,因为他好像总有用不完的劲儿,整个人好似一股人形龙卷风。每次我因为什么事取笑他后,他总是狠狠地瞪我一眼,把我弄得措手不及。

一个朋友患有多动症,另一个朋友刚刚也确诊,我开始阅读关于多动症的文章。我把这些文章联系起来,形成一条线索,顺藤摸瓜,结果发现他也有多动症。母亲其实早有怀疑。我和她说我朋友患有强迫症、焦虑症或心理健康问题时,她总是说:"如今,每个人都有这样那样的问题。"她并无恶意。和我们当中的许多人一样,她也被每天扑面而来的信件搞得无所适从,而这些信件以前只是他性格中的古怪部分。

他患有多动症,这已显而易见。他能全然不顾时间,熬夜工作到凌晨 4 点,但无论如何都无法坐着看完一集情景喜剧。他总是丢东西,小小的书房里一片狼藉,到处散落着文件和文件夹,就好像整个书房都是从橱柜里倒出来的。我替他难过。他当时什么都不知道。我读到一句话——未被确诊的多动症在个体身上表现为潜力的丧失,无论他们做什么,都永远不会完成,他们也不明白这是为什么。我感到一阵心痛。他从没说过，但我感觉到了。他总觉得不够，做得不够，还不够成功，什么都不够。

就这样，我看到又一个碎片在多年前已遭受严重打击的那些人眼前落下，真相更完整了。我把他还原成一个人，那是一个完整的人。要花很多年的时间，才能把所有的小碎片找回来，填满他走后留下的空洞。现在，他变得又清晰了一点。那些混乱、压力、疯狂的举动……就说得通了，只不过，我一直以为那些是他强势个性的体现，一笑置之，我还想象别人在那种紧张氛围下生活的场景。但别人的父亲会坐下来，知道何时该休息，会说："今天就到这儿吧。"

我总在努力，努力超越，不断前进。因为他就是这么教我的。要把自己逼到筋疲力尽，并仍然屹立不倒。他有一次告诉我，他通过某节疯狂课程学会了站着睡觉的诀窍。当时我不明白，他为什么要那么做？干吗不躺下睡？他咧嘴笑着说："我做到了。我可以站着睡觉。"把自己逼到如此境地——用最不适合休息的姿势休息，不让身体有一丝喘息之机——他无比快乐。

人们说："他会恨死生病的。他不想看到自己一天天变得衰弱下去。幸好，他走得那么快。"

人们说的没错。他会恨死的。

我原本希望上天能多给他一些时间。但人们是对的，他会恨死那样活着的。

真的。

第七章　当你离开人世时 | 203

第八章

与永恒的悲伤共存

亲爱的未来的我:

正如你所知,父亲已于1998年4月21日去世!现在,已过去近六个月了,你感觉有点悲伤,整个人都很麻木。眼泪已经流干了,哭还有什么意义?他不在了,现在需要向前看。

和妈妈吵架,鱼死了。上学,破天荒地比其他都重要!希望你读到这里时是开心的。

多多的爱
过去的我(亲亲抱抱)

这是他去世后我写的第一篇日记。我给自己六个月的时间"恢复正常"。读到这里让我有种拉开时间帷幕的冲动,我想跑回过去,紧紧抓住那个小女孩,告诉她"没关系,你可以继续悲伤,悲伤本来就不会停止"。

很多人会因为悲伤没能在六个月、一年、五年、二十年后消失而感到尴尬、羞愧和困惑,我知道这种感受很普遍。到目前为止,我们已经谈论了悲伤的各个方面,我们评判悲伤的各种文化、历史原因,以及我们与之共存的方式等。最后,我想以大多数人的心愿结束本书。悲伤什么时候才能消失?我什么时候才能走出来?

悲伤不会消失,你不会走出来,但没关系。
(如果你急于知道结果,先在这里告诉你。)

如果你刚刚开始悲伤的旅程(我所说的"开始",是指死亡发生后的一到五年),得知可能永远无法摆脱这种感觉,那么你无疑会害怕。鉴于你现在所处的位置——悲伤的最初阶段,处境真的很糟糕。我怎么做才能一边安慰你"一切会变得更容易",一边又告诉你"永远无法走出来"?特别是刚开始时,你伤得体无完肤,就像一块被生剥了皮的鸡胸肉,怎么能让"永远无法走出来"变得可以承受呢?

现在,来聊聊我所谓的"无法走出来"是怎么回事吧。我今天感觉好多了。此时,距离父亲去世已有二十四年,我每周做一期关于死亡的播客,感觉好多了。父亲的上一个忌日就那么过去了,那天我太忙,甚至都没怎么想过这件事。但悲伤就在那里——我感觉到身体里的那种钝痛，但好在还可以忍受。今年的父亲节也过得去。我像往常一样，尽量避开社交媒体，允许自己小小地嫉妒一下，然后让悲伤过去（因为害怕看太多"依然健在的父亲"的照片后，剧痛又会渗透）。尽管本书充满了悲伤，但大多数时候我感觉好多了。当然，免不了有那么几天、几小时、几分钟，我仍悲伤不已，还是会哭。他永远无法与我的孩子相见，这也让我感到心痛。在那些失落的时刻，我就会感到如此悲伤。但现在，今天，我感觉好多了。没法走出来，并不意味着我会不停地哭泣。我还好好活着，并不是时时开心，但也不会永远处在绝望中。父亲去世，我自然难过，这是肯定的。失去他时，我悲痛万分，但这种悲伤已经逐渐消退，我学会了接受这个事实。

开始时，最难的地方在于悲伤的浪潮会不断袭来，不断击打我的头，把我掀翻，以至我狠狠地摔进沙里。最初几年，我会悲痛欲绝。所以，当那海浪第十五次向我袭来时，我只能大哭。它到底什么时候才能结束？人怎么可能这样活下去？但随着时间的推移，波浪袭来的间隔会拉长。生活开始填满这些间隔，最终，我又活了过来。我跌跌撞撞，一路前行，浪潮的袭击从每周一次变成每月一次，然后是每年一次、每几年一次。现在，我已经到达悲伤的末期，间隔拉长到了很多年。

浪潮仍会袭来，但间隔越拉越长。

学会与悲伤共存的乐趣之一是，你能很好地预测自身情绪的变化。你学会了什么时候应该看向"地平线"——风暴正在聚集，并向你袭来。此外，你能更好地理解正在发生的事情，而不会被击倒。浪潮总会袭来，你学会了驾驭它。你能更从容地摆好姿势，把脚深深地扎进沙子里，保持身体直立，同时，你很清楚它不会永远持续下去。生与死相隔很多年，而活着的神奇之处在于，你的韧性会在生活中不断增强。你能时不时回头看看曾经渡过的难关，从而坚信自己同样可以渡过这一关以及下一关。二十四年过去了，我渡过了很多难关。现在感觉好多了。

过了很长时间，我才意识到，悲伤就像呼吸，是你不由自主就会做的事情。无论你是否意识到悲伤的存在，你都会与之共存。很多时候，我都觉得悲伤已经彻底过去了。第十九年的时候，我感觉好多了，好像一切都"结束"了。我明白自父亲离世以来，我已走得很远很远，其间发生了这么多事情，我再没有什么想说的（多幼稚啊）。我心想："我再也不会感觉那么糟了。我走出来了。"

可就在他二十周年忌日时，我的情绪再次崩溃。

他的忌日在四月。如果你是俱乐部成员，就一定知道那一天不断临近的感觉，它就像一场你总也通过不了的考试那样向你逼近。我对忌日的恐惧从三月就开始了。我隐约感觉到它就在不远处——月、日、时——就像末日骑士（出自《圣经·新约》末篇《启示录》第六章）一样，每年向卡里亚德之地（指代作者）飞奔而来。随着四月的到来，倒计时开始了。就像有一本可怕的降临节日历，我把 21 日之前的日子统统画掉。多年来，我一直在做这件事：快到四月时，我就会查看"地平线"的情况，因为每年这个时候都会带来不同的情绪能量。

对我来说，第一年到第五年是最糟糕的（向第二年和第三年大喊：这两年我真的做出了巨大努力）。第一年的忌日异常残酷：我坐在教室里，看着时钟一点点走向上午 9:40 这一时刻，我的心越跳越快；向巨大而透明的塑料窗户外凝视，窗户上涂鸦着指南针；低着头看一个奶牛纹人造革 A4 文件夹。我盯着时钟——所有小学生都熟悉的那种简单实用的时钟，等待着，等待着，等待着，呼吸，等待 9:40 这一刻过去——过去了——9:41，9:45，10:00。彻底过去了。结束了。我假装睡着时，能感觉到挨着脸颊的廉价尼龙衣料，我一只眼睛盯着时钟，直到那一刻来到。

当时钟确实指向 9:40 时，并没有发生爆炸，也没有天使降临，时钟还是嘀嘀嗒嗒向前走去。那一刻过去了。他死亡的那一刻过去了，他走了，那一天过去了，一切都……自然而然地发生了。

第一年的忌日堪称沉重的负担，因为你不确定自己将如何应对，接着通常是这一天来临时，你不知怎的就应付过去了。你可能会哭，号啕大哭，但你一整年都在哭。所以，你继续像原来那样生活，你意识到："哦，所以就是这样，没有他的生活原来是这样的。"生活还在继续。至少度过第一年后，你知道悲伤不会摧毁你。

我对第一年的感受异常深刻，那种痛彻心扉的感受每时每刻都有。但在那之后，当我进入第六年、第七年、第八年时，我也说不清究竟发生了什么，无法描述那一刻来临时的确切感受。一切都变得模糊……直到第十年。"十"这个数字令人震惊，在我脑中不断放大。他离开已经十年了。从度量角度来说，这意义重大。那些重要的周年，如五年、十年、十五年，总是让人感觉更醒目。那些时候，我总会不自觉地盘算自从他离开后发生了多少事。他错过了多少？好好算算：国王在数钱房里数钱（取自英国民间童谣集《鹅妈妈童谣》），还要细数那些再也无法与他分享的回忆、故事、笑话和发现。

和"逢五逢十"忌日一样，第十五年的忌日也很难。但在那之后，忌日开始慢慢成为"过去"了。忌日并不总是那么好过，但变得更安静了，就像一段我走过很多次的旅程。我知道该带哪些东西，也大概知道需要多长时间才能回家。我对忌日这一天的感觉发生了变化。我开始想，"可能就是这样吧"——短暂地吸口气，在这一天开始之时，皱皱眉。悲伤之旅所能提供的一切，我都经历过了。悲伤先是把我折腾个底儿朝天，又让我回归正轨。现在，旅程结束了，我走到头了。悲伤结束了。

我在向别人讲述他去世的情形时，回想起这一切。现在要是有人问我那是多久以前的事，我能说："哦，十七年前了……十八年前了……十九年前了……是的，很久以前了。"人们的目光会变得柔和，语气和手势都在暗示："是啊，的确是很久以前的事了。"人们确信我现在已经没事了，我会点头表示"是的，没错"，接着，我们相视一笑。没人会哭，也没人再去探究那件悲伤的事，因为那是很久以前的事了。人们会说"我很抱歉"，然后话题就过去了，就好像我刚才说"我曾经养过一只狗"，或者"我有一次去了柏林"，或者"我曾经和来自法国小镇的奈尔斯一起开展了一天的即兴表演工作坊（这是事实）"。这些都不过是过去发生的小事，一时之间感觉挺有趣，如此而已。

这种漫不经心偶尔会让我停顿一下。已经是那么久之前的事吗？十七年之久了？莎士比亚也是很久以前的事了，恐龙也是如此。我会想："我记得父亲。我见过他。他当时就在这里，他就……"

但紧接着，这些数字开始和我"辩论"："都十八年啦？小孩都长成大人啦。真是很久之前咯。"

人们说得没错，当然都没事了，肯定如此。人们并没有明确地说，"我敢肯定，你现在一点事都没有了"，但"你现在肯定没事了"这层意思就像庆祝周年纪念日的鲜艳彩旗一样悬挂在空中，随风摆动。

我感觉好多了，所以，我还好。我想这就是大家认为我已经"走出来"的证据。这就是"走出来"的意思。有点麻木，有点奇

第八章　与永恒的悲伤共存 | 211

怪。我再没机会和别人谈论他了。没人需要知道细节。他死了。而我现在还好。结束了。我完成了悲伤的所有阶段。现在,就等着谁给我邮寄证书和奖章了。

2008年是他离开的第二十年。

控制力逐渐瓦解的感觉已经有好几周了。我一生中的大部分时间都在监督内心的混乱,我会请求它坐下来,别捣乱……可现在它又在地板上打滚叫嚣了,还口吐白沫,吵吵嚷嚷,毫无歉意。那种疯狂、令人麻痹的悲伤已经多年未见,现在它正把我整个人钉在地板上。我动弹不得,我唯一想做的就是逃跑,逃离这种感觉。它从我的脚开始慢慢向上爬,像一个耐力十足的登山者,逐渐包裹我的整个身体,我僵在那里,然后尝到了悲伤的味道。

我很久没感觉这么糟了,这是我最害怕的。我的悲伤浪潮早已远远地退向地平线,最糟糕的时期不是已经过去了吗?对此我深信不疑。现在,这种熟悉的恐惧让我害怕。我早就忘了悲伤的味道和质地,习惯了忌日从我身边经过,瞥我一眼,轻咬一下我的皮肤,仅此而已。

现在是二月份,已是阴云密布。才刚到二月啊?那些云聚在这里干什么?二月是母亲的生日,是情人节,是冬天结束的时节。我与二月相安无事。可我确实闻到了冲突的味道——那跃跃欲试、正在酝酿之中的气味。我感到恶心。进入三月后,情况更糟了,脑海中有个声音不断说着二十年、二十年、二十年、二十年……一遍遍重复着。

已经过去二十年了。他离开已经二十年了。那是好久以前了，有太长的一段时间，哪里不对劲？感觉快要不能动弹了。不知怎的，我觉得太沉重，我不想直面悲伤。我尝试避开它，绕开它，躲开它，因为我已经过了这个阶段！我完成了所有阶段！已经爬到梯子的顶端！集齐了所有奖励！

可乌云仍旧滚滚而来，天色低沉。我一醒来就感觉到了。无精打采，糟糕透顶。除了痛苦和悲伤，就只有震惊的感觉在脑海中萦绕。那该死的悲伤又回来了！它又回来了。时至二十年后的今天，感觉竟然还能如此糟糕。这更像是第五年的感觉，而不该是第二十年的感受啊。为什么会这样？是什么把我拖回过去？为什么我还没走出来？二十年了，我却还在哭，还在幻想"如果……会怎样"。到底是怎么了？悲伤怎么又气势汹汹地卷土重来了？

2018年4月21日是他二十周年忌日。

这天终于到了。天气很热，四月很少这么暖和。气候宜人，每个人都在不停地说话。我感觉很晕，头就像悬在灰色的迷雾中，我看不到生活，看不到任何"生活快乐"的迹象。我知道我必须一个人待一会儿，我太了解这种时候最需要什么，这将是一个没有午休的悲伤日子。

当时我们住在伦敦市中心，我转过街角，来到那条旧训练道旁的自行车出租站。我晃了晃沉重的自行车，把它从车架上取下来，然后骑走了。不知不觉，我们——我和我脑海中的父亲就到了海德公园。我们绕着公园骑车——我小时候每周都会来这里，但成年后很少来了。父亲过去常常在周日来这儿训练，备战各种马拉松和铁人三项比赛，骑车，跑步，聊天，拉伸；中年男人们穿着莱卡，蛇形咖啡馆外柏油路上自行车锁鞋发出咔嗒声；成人在谈论跑步、冥想、佛教和禅宗时，我和哥哥就躲在咖啡桌下玩。我总能听到"禅宗"这个词。有个人甚至给他的狗取名为"禅宗"，那是一只高度兴奋、四处奔跑的西班牙猎犬，堪称反对主格决定论（一种假说，指人类倾向于选择同其姓名更贴合的职业）的完美实例。我们开车时会把自行车绑在车上，好像它是猎杀的鹿一样。整个周日早上，我们都在这里。我还能记起草地和湖泊。每个人都在卖力地穿上潜水服，肩上是用黑笔写的粗大的编号；还有方形号码布用别针固定在背心上；跑步，骑自行车，游泳。他在这里总是很活跃，生机勃勃。

今天，他又把我带回这里——他生活过的地方。又或者，是我的思想指引我去了一个能让我记起他的地方？总之，我对这种安排很满意。我骑了一整天的车，什么都没做，但我允许自己想象"如果他在身边，会是什么样子"。有时，他肯定会很烦人。我会试着问他哪些问题，他又会告诉我什么呢？我大概知道答案。我骑了一圈又一圈，直到慢慢接受现实——我还没走出来。我感觉不好。一切还没结束。二十年过去了，我依旧没法说"啊，没办法，这就是人生。死亡迟早要发生"。为什么我非得这么说？难道只因为已经过去二十年了，我就该让悲伤结束？如果我还没准备好，为什么要强迫自己？

查理·拉塞尔

我还没恢复好，那是十一年前的事，按理说，我早该整理好自己的情绪了。可我突然意识到，"哦，不，不对，那才是重点呀"。人们需要知道的是，即使已经过去十一年了，我可能还在努力走出来，这完全有可能。

史蒂芬·曼甘

我只想对人们说：当悲伤袭来时，尽力应对，时至今日，还要面对它——也许你能处理好，也许不能——明天又会发生别的什么事，继续努力。无所谓对错，也无成功可言。你永远无法战胜它，也没法摆脱它。正因为你爱那个人，会思念那个人，所以你并不想彻底摆脱悲伤。既然如此，何不放过自己……一点点来……你无法终结它，不存在什么最终结果。它是一个持续不断的过程……这就是生活，你永远不会"到达那里"。

几年前，我在另一档播客节目里接受采访，主题是关于我的《悲伤播客》，主持人向我提出了一个熟悉的问题："你是如何帮助悲伤者走出来的？"他本意是好的，希望在节目最后给听众一些好的建议。

父亲的二十周年忌日教了我重要的一课——我不会走出来。日子可能会变得更容易，也可能不会；悲伤还会出现，再消失；悲伤将永远成为我生活的一部分——就像那个已经离开的人一样。要过许多年，我才能认识到这一点，但我已经接受这种认识带给我的凄凉感、真实感以及自由。认识到悲伤无法锁起来，解放了我。现在，我不再抗拒混乱的情绪，也不再去掩饰和压制它。它饱含我所有的记忆和教训，与我结伴而行。我们和平共处，这就是结局。

"你不会走出来。"我说。

这显然不是主持人想要的那种俏皮而又鼓舞人心的回答。

"可能只是对你来说，对吧？"他迅速反击，"因为你和父亲感情很好，我想大多数人还是能走出来吧？"

他不是在问我，而是在反驳我，因为我的回答让人感觉很可怕。我甚至看到他开始有点恐慌了。"不，不只是我，"我解释道，"每个人都是如此，我是说我采访过的每个人，大家的回答基本上都一样。每个人的悲伤程度有所不同，但都没有走出来，我们只是学会了与之共生。我们还在继续生活，快乐地生活，但我们永远不会走出来……"

他停顿了一下，用那种无疑属于非俱乐部成员的眼神盯着我，我以前也被人这样瞧过……"她这人有点怪，要么她和父亲的关系很特别（我承认这一点，但这并不是悲伤不会结束的原因），要么就是她在故意夸大。"他摇摇头，神态放松下来。"好吧，反正我肯定不会那样。"父母健在的人都有这样自信的语气，然后他迅速改变了话题。

每当非俱乐部成员想要告诉我"应该"如何悲伤时，我都得努力克制自己，才能忍住不冲他们大吼："你也会死！他们都会死！所有你爱的都会消亡！"因此，在决定和谁坦诚地谈论悲伤时，我不得不非常谨慎，我也被很多聚会拒之门外。那个主持人并不明白，他怎么可能明白呢？他又不用背负什么悲伤包袱。那只紧跟着我的狗（与作者如影随形的悲伤）时刻提醒着我：时间有限，生命宝贵，什么都不重要。他哪里懂得这些呢？他没有感受过那种痛苦，也没有哭过，也就是说，他没有悲伤的经验。

经过一次小崩溃、一次骑行和一些治疗，我终于明白自己还没有"走出来"，而且可能永远也不会走出来。如果悲伤能在二十年后回来，那么，它就完全可能在二十五年和三十年后再回来（据我的可预测波动时间表所示）。

这起初真叫人崩溃，还有比这更糟的吗？但就像所有饱含深意的幻灭时刻一样，悲伤让新的思想从废墟中生长出来。我永远不会"走出来"，并不意味着我不能好好活下去。走出悲伤之地，抵达那个没有情绪困扰的地方，本就是个不切实际的想法，因为那不是正常人的感知方式。我一直苦苦追寻麻木，希望什么也感觉不

第八章　与永恒的悲伤共存　｜　217

到——没有悲伤、没有痛苦，可只有机器人才会这样啊。当然，每个人的情况都不同。我面临的情况很特殊——青少年时期没能好好消解悲伤和震惊。我给自己施加了太大压力，强迫自己摆脱所有混乱、情绪和感觉。可事实上，我想获得梦寐以求的解脱，唯一的方法就是让悲伤自然而然地浮现出来，允许它成为我生活的一部分。

浪潮袭来的间隔确实越拉越长，但它仍然可以铺天盖地地压向你，这当然很可怕，有时候我也真希望永远不再见到它。话虽如此，我依然接受"这就是悲伤"。悲伤就是这样，一波波的浪潮及其彼此的间隔，在亲人离世时必然会出现。

悲伤心理治疗师朱莉娅·塞缪尔的一句话让我铭记至今。谈到生活在悲伤中时，她说："悲伤没有摧毁你，而是塑造了你。"我一度认为这很难接受。我不想被它塑造，我想否认它发生过。我想被看作一个完全正常的人，只不过碰巧父亲去世了，这只是我人生的一个注脚而已。但随着岁月的流逝，尤其是在他去世近十年的时候，那种被它塑造的感觉让我很不舒服，我仍然感到悲伤。我经常收到悲伤者的电子邮件，他们说："我知道已经过去很久了，我早该走出来了，我知道我早该，但我没有，就是没法走出来……"

是的，我被那痛苦塑造了。（我一度把自己想象成一个穿着黑衣、黑色蕾丝面纱拖地、挨家挨户走访的老太婆。当我坐着那辆用骨头制成、由半死的猎狗拉着的车飞奔进村时，乌云遮住太阳，头骨从我那难以辨认的口袋里掉落，人们大喊："悲伤女巫来啦！"）

过去，一想到悲伤会对我产生如此深远的影响，以至于改变我整个人，我就感到恐惧。但现在，我只当它是塑造我的诸多重大事件之一。除了它，其他事情都使人快乐。所有这些事情构成了我全部的人生经历，共同塑造了我。

迈克尔·罗森

诗人、作家。迈克尔的儿子埃迪在十九岁时因脑膜炎去世。2021年，迈克尔也差点死于新冠病毒感染。

老实说，我只有最初几年会感到悲伤，现在的感觉已和当初不同。现在，我只是偶尔会想起他，虽然也感到难过，但我并不认为那是"悲伤"，因为我感觉悲伤只出现在最无助、最脆弱的时候。可以说，我把悲伤暂时搁置了……它被转移到另一个地方，所以，我想他的时候不觉得悲伤。这种感觉更安全，我可以谈论它、思考它、接受它——并且对他的思念不会让我陷入无助的境地。

我不是每天都会痛苦。如果非要准确地说，目前我每年17%的时间都挺悲伤。剩余很大一部分时间还是幸福、快乐和美好的——但我始终能意识到悲伤的存在。大多数人想象的悲伤俱乐部不是这样，他们也想不到播客主持人害怕什么——凄凉的生活，即大卫·里恩导演的狄更斯式凄凉。有些日子更难过，但也并非一片眼泪的荒芜之地，而是更微妙。随着时间的推移，大多数人的感受都变得差不多。

证据随处可见：陷入悲伤之中、站在悲伤旁边、回忆悲伤的人们，仍然会出现在超市与你聊天、嘲笑刚刚摔倒的那个男人。

感到悲伤的你依然会微笑、亲吻、坐飞机、大笑；你还会穿上曾经的葬礼服去泡吧，并对此开个玩笑；你会上大学、喝醉、跳舞、吃外卖、看《舞动奇迹》；你会穿磨脚的鞋、吃冰激凌、去度假、谈恋爱、熬通宵、结婚、入职、离职、找到新工作、生儿育女、与不了解你的人成为朋友；你会搬到其他地区、大哭、呼吸、生气；你会赶地铁，穿着与天气不搭的外套，但依然庆幸带了伞——没人知道你在悲伤。你会把悲伤装在身体里，它就像一小簇无法扑灭的火。你走到哪儿，它就跟到哪儿，它就像你的思想一样。

我有时会想到它，有时则不会。当它到来时，我已经学会感受它，然后放走它，除此之外，别无所求。让它消失不可能，但允许它存于体内，并坦然接受它——让痛苦和幸福同时存在我的身体中——完全有可能。

克里斯托弗·希金斯

殡葬服务人员、变装皇后和威尔士诗会官员。克里斯托弗的奶奶于 2021 年去世，父亲于 2011 年去世，妹妹瑞秋 2009 年去世时二十二岁。

有时我会关上冰箱门，门上有张四个孩子的照片——我们四个小时候的照片。有时，你感觉所有情绪、所有痛苦一时间都被拴住了，不知怎的，它们被固定在那儿。然而几年后，只需一瞥、一段记忆、一种气味、一首歌……就能解开那根拴住它们的绳索，你听到砰的一声，疼痛又回来了。但现在我学会了接受这种痛苦。当悲伤来临时，我允许它压垮我，允许自己哭。作为宗教仪式的主持人，我经常听到的一句话就是："我觉得没法应付，我做不到……"

我的回答总是："那就不要。不要应付。放弃应付。"

你知道当你放弃应对时会发生什么吗？你应付得了。这真是世间最奇怪的事情。我意识到，一切的美妙之处恰恰在于"不去应付"，现在，我感觉没事了。如果我因为瑞秋不在而想哭，那就哭吧。哭也是一件好事，因为它证明了我对她很深的爱。

"煎蛋"通常能改善状况。

我看到脸书上有一段英国广播公司的视频被分享数百万次，它是关于"盒子里的球"理论（有时也被称为煎蛋理论），我对此有点震惊。我从未看到图画能如此清晰地展示我对悲伤所做的事情，这是一个视觉隐喻，体现了许多人在无意识的情况下如何处理悲伤。"盒子里的球"理论和煎蛋理论略有不同，但本质是相同的。我真的很喜欢煎蛋，所以我更喜欢那个版本，但如果你喜欢盒子，你也可以选择这个版本。

这些类比给我的最深印象是，主流社会对悲伤的看法有所转变。得益于社交媒体的力量，我们不必再等个几十年才能获知这些理论。本身也是一位悲伤者的劳伦·赫歇尔从医生那里听闻这一理论后，将其分享在推特上，该理论随即在网上疯传。其大意是，你的生活好像一个盒子，当亲友去世时，悲伤将这个盒子填满。盒子里还有一个启动痛苦的按钮，当悲伤过大时，它就会不断撞击按钮。随着时间的推移，悲伤会变小，但它仍会毫无征兆地（触发事件可能是闻到熟悉的香水味、听到逝者生前最爱的歌、在地铁上见到一个穿着西装的男人……）撞击按钮，让你感到痛苦。我播客的一些嘉宾更愿意把痛苦按钮说成悲伤忍者或悲伤老虎，它会在你最意想不到的时候发动袭击。

在英国广播公司的视频中，圆圈代表你的生活。当你感到悲伤时，整个圆圈（即生活）都充满了悲伤，你的各个方面都会受到影响。视频解释说，过去的观点是，随着时间的推移，悲伤会缩小乃至消失；但现在的主流观点是，悲伤不会改变，你的生活（圆圈）会以它为中心重新构建。这一启示让我如此震撼，以至于我感觉自己就像一个站在伽利略面前的农民，眯着眼睛听他解释"为什么不是太阳围着我们转"。这种感受并非我独有，其他人，甚至学者，也都认为悲伤不会消失，会持续存在。

看到那个视频时，我感到一种解脱。我没有抓着痛苦不放，我没做错什么。也许随着时间的推移，悲伤会改变、缓和、模糊，但它仍然存在。它会一直伴随着你，你也将围绕它构建新的生活。这就是"时间能治愈一切"的含义，人们所说的"努力生活""勇敢走出来""别念念不忘"就是这个意思——但这些情绪并非全部真相。你要努力活下去，还要背上那团悲伤乱麻，这无疑很难。试着围绕悲伤构建生活，会有所帮助。现在，你时刻都要应付那团巨大的悲伤，去做让你感觉快乐的事，别苛求自己，因为悲伤仍如影随形。

长久以来，我们帮助他人的方式就是扫清悲伤，期待它从地平线彻底消失。它不会消失。我们将永远绕着"太阳"转。我们无法让这种生理、心理和情感的历程停下来，也无须这么做。悲伤总要发生，总会在那儿。只有当我们接受——太阳升起，新一天开始，我们仍然悲伤地站在这里，但世界仍在继续——才能看清生活本身的真相和美丽。我们的悲伤、死亡、痛苦、喜悦、苦乐参半的煎熬，都是生活的一部分。悲伤与美好并不是割裂的——这就是生活，就是每个人自己。我们不需要把悲伤装进特殊的袋子里，也不需要想着去摧毁它。它一直都在那里，你已经是俱乐部的一员，只不过你尚未意识到。这个俱乐部就叫"生活"——有人死，有人生，有人逗你笑，你不断前行。从来都是如此。

但现在我们知道了，悲伤者、"明了这一切"的人以及俱乐部成员都知道了。我们真的很幸运，得以知道死亡及其意义，我们还知道"永远"是什么。我们现在的生活才是最真实的，既亮又冷。我们能感觉到肺里的空气，同时知道它不会永远属于我们。现在，我们能够承受浪潮的冲击了，因为我们知道，没有什么是永恒的。

浪潮来袭——2021 年

一月，新冠疫情暴发差不多一年，这种感觉跟悲伤很像。到处都很安静，世界停止了。他去世时，我只想让世界停止。他都不在了，人们怎么还敢购物、大笑、看电影、吃汉堡？我希望天空停滞，时钟定格，我要每个人都停下来为这件可怕的事默哀。可现实依然如故，世界在时钟的嘀嗒声中始终向前——后来，让我感到高兴的是，门外的河一直在流淌；看着它，我知道生活还在继续。

隔离给人的感觉是，悲伤已经接管了一切，就好像某个希腊神祇在惩罚我们的违抗行为，判处人类世界的时钟从此停摆，陷入永恒的沉默。整个世界都停止了。悲伤的人终于得到了梦寐以求的东西，却发现后果太可怕了：不能去购物、看电影，听不到笑声，再也见不到别人津津有味地大嚼汉堡……太可怕了，那种感觉与悲伤无异。我有三个月没见到母亲了。每次打开鞋柜，看到她放在我家的拖鞋时，我都感觉心里一惊，就像她也离开了。我当然知道她没有。我还知道自己很幸运，尽管如此，那股悲伤和丧亲的臭气依旧弥漫不散，我恨它。

二月，最初那种糟糕的感觉已减退，代之以挥之不去的漠然。

我终于能理解那些经历战争的人了。我能清楚地感知一年有多长。几年后，我的孩子们可能会叫我忘记这一切，"那都是多久以前的事啦？也没那么糟嘛"。但我仍会记得，被悲伤接管的生活有多糟。

我躺在沙发上，想安静地待上五分钟。半睡半醒之间，我听到厨房里孩子们的声音。整栋房子都被他们叽叽喳喳的声音填满了，孩子就是孩子。灰白色的天空有些沉闷，一丝风也没有。每个人都在祈祷，祈祷2021年带来些好消息，弥补2020年拿走的。但我知道，悲伤才不管这些呢。对很多人来说，这只是开始。听着新闻广播里的数字，4.4万、4.5万、6.5万、7.5万、9.8万……悲伤的样子在我脑海中徐徐展开。

我闭上眼睛，听到一个声音。

那是谁？脑海里，我又回到了家——母亲的家。眼前是一团灰色的薄雾，接着是一道从天而降的光，就像儿童电视节目中一扇通往过去的大门。从餐厅传来声音，透过门我能看到楼下——我看见那个我们过去经常爬上来、滑下去的栏杆。又是那个声音。我在睡觉，可又清醒地知道，如果我过于努力探寻，它就会消失。所以，我让声音停留在那里。是你，你回来了。那是你的声音，我已经好久没听过了。是因为我有了个儿子吗？我就知道，你非得这个时候才出现。你正在对我们说一些紧要的话，边说边笑，我感觉到了你声音中蕴含的能量，听到你一瘸一拐地走下楼——都怪那场摩托车事故，万幸你活了下来，只不过，从此一条腿永远比另一条腿短。

我听得见。悲伤赐予这种宝贵的时刻,我很感激自己还能活着等到这一刻;四年来,我一直在播客里抱怨记不得你的声音了,现在,我终于又听到了。

云层开始逐渐合拢。我尽量保持平静,祈求再多给我几秒钟。我听到你的声音了。下一刻,云层嗖嗖地合拢,现在,我只能听到孩子们的声音了。他们在叫我,命令我不要再打盹儿了,起来做点什么——陪他们玩、烤面包、装扮成一只精灵独角兽。我没有感觉被治愈,甚至不觉得快乐;我感觉平静和松了一口气,因为我并没有失去你,你还在这儿。这里噪声很多,所以,我有时可能听不清你的声音。但你还在这里。太好了。今天真是太好了。

悲伤者的抗议

我们要什么?
一个可以自由谈论悲伤的空间!

什么时候要?
只要我们准备好了,
就能自由地谈论它!

我们怎么样?
不孤单!

还有什么东西能帮上忙?
饼干。

亲爱的悲伤者：

现在，到了结束的时候。对不起，我知道我们都不太擅长告别。这样好了，这不是结束，只是我们说再见的时候，后会有期。再见，再会，大家都会好好的，所以，我们很快就能重逢。如有需要，请再拿起本书，从头看一遍；也可以看看关于死亡和悲伤的其他书，听些音频。

无论你的悲伤是什么，走上了哪一条奇怪而充满痛苦的道路，生活给了你什么挑战（它会不断给你挑战），都别忘了看看四周。我们都在这里，有些人到得早，已经为你摆好了点心；有些人很晚才跟跄着走进来，惊讶于竟然存在这么个俱乐部；其余的人则站在门口往里瞧，他们已经等了好几年，直到悲伤降临的那一刻才允许进来。但我们都在这里，俱乐部里挤满了我们这样的人。

我们终将经历悲伤和失去。人生中第一次重大的失去会让你深受震撼，你意识到生命并非无限。之后的每一次失去都会教给你一些新的东西，失去永远不会轻松，永远不会令人愉快，但它永远是真实的。透过它，你能看清什么是重要的，关心的人是谁，你想成为什么样的人，你是谁，那个人过去是什么样子……它会不断给你"上课"，不断重塑你。

悲伤不会消失，但会褪色、生长、变得越来越大或者越来越小，这团悲伤乱麻只属于你。别人可以帮你背一会儿，让你暂时轻松，但大多数时候还得靠自己，你慢慢学会分辨它什么时候有用、让人痛苦或者无害。

如果你正在读这本书，并且是俱乐部新人，可别被我二十多年的悲伤历程吓到。我现在很幸福，拥有你想象不到的幸福。我一直活着呢，尽管悲伤如影随形，但我仍在好好活着，一直以来都感觉还好。这倒不是说日子过得容易，但还不赖，你会挺过来的。你会发现那些值得会心一笑的东西，心也不会一直痛下去。你会重新开始享受生活，一定会，因为我们都是这么过来的。你只需要用心寻找人们渡过各类难关的证据，你要的答案就在那里。

看看周围人的悲喜，以及每个人的困境，我们就会明白，其实我们都只是尽力在有限的时间里做到最好——时间永远都不够，我们总想和所爱之人拥有更多美好的瞬间，但如果我们有足够的回忆和爱，我们就能走得比预期中更长远。

我不会说什么临别赠言，也没法简单明了地结束对话。这场混乱无处不在，一些你以为不会被它影响的事物最终会被它影响，它也不受控制，在你需要安静的时候跳出来搅乱你的生活，但你终究会习惯它，也能更好地平息它。你要做的就是停止对抗，顺其自然。

希望你今天感觉好多了，这一周过得都不错。希望某个地方的某些东西能抚慰你。希望你身边有蛋糕、茶和安慰，在你需要之时,都有个人听你倾诉。我还希望你相信,一切都会过去,无论你现在是快乐的还是悲伤的,一切都会过去,一切最终都将烟消云散。我们没有什么特别或不同之处,只不过选择了承认"死亡就在身边"这一事实,死亡就像屋里的一件家具,我们也会为它掸掉尘土,然后放在一个目前看来最合适的地方。

希望本书对你有帮助,也愿你能获得支持,逐渐远离痛苦。

你并不孤单。

爱你

卡里亚德

致谢

如果没有《悲伤播客》，没有那些好心的人勇敢地走出来并诚实地分享关于悲伤的故事，本书就不可能出现。在此，我要感谢他们每一个人，并缅怀逝者。我何其有幸，能够聆听他们和逝者的故事，对此，我万分感激。感谢《悲伤播客》的听众选择敞开心扉，倾听这档关于死亡和悲伤的节目。感谢他们给予的支持、善意、专业知识、建议和学识。悲伤俱乐部是个非常特殊的俱乐部，成为其中一员让我感到无比自豪。

此外，还要感谢我的编辑、救命恩人、技术专家兼顾问凯特·霍兰德，是你的学识和信念让这一切成为可能。感谢Whistledown工作室为我的节目提供了像家一样的环境，使我和嘉宾可以畅谈我们的故事。

感谢我的文学经纪人奈尔一直以来的信任、鼓励与支持，不时哄骗、斥责和选择性地倾听。感谢我的编辑亚历克西斯从始至终对我的信任和对本书的热情，在新冠疫情肆虐之时战胜每一个困难，为本书保驾护航。感谢布鲁姆斯伯里出版社同人始终不渝的善意、共情和奉献，我很幸运能与你们共事。感谢 Independent Talent 的经纪人萨拉和汉弗莱在我"闭关"写作时给予的鼓励。

感谢朱莉娅·塞缪尔、凯瑟琳·曼尼克斯博士、金伯莉·圣约翰、塞姆·洛克、安娜·莱昂斯、艾琳·凯西博士和马克·陶伯特教授。

感谢萨拉，谢谢你成为我最好的朋友和新书发布活动的旅伴。要不是你每次都提前到达目的地，我肯定会走错路，谢谢你为我带路。

感谢母亲，你的爱和接纳，以及在这趟悲伤之旅中带给我们的快乐，我将永远铭记于心。没有你，就没有今天的我们。

感谢哥哥汤姆和"劳埃德家族的疯子们"。你陪我经历这一切，你是世上最好的哥哥。父亲也会为你和他们感到无比自豪。

感谢我无与伦比的孩子们，他也会非常爱你们；有时一想到这儿，就真叫人难受。但大多数时候，拥有你们真是一种幸运。你们就是我的世界。

最后，感谢我的丈夫本。本书能够问世，你同样功不可没。没有你，我不可能完成它。我知道你肯定会说"别瞎说"，但事实就是如此。要是没人支持，母亲们是无法写作的。你不但扶住了我，还撑起了我们的家、孩子们、生活中的一切。抱歉花了这么长时间才完成（要怪就怪那个刚出生的小家伙和新冠疫情吧）。我从心底里感谢你所做的一切。